高职高专"十二五"规划教材

数控铣床编程与加工

高利平　主编

化学工业出版社

·北京·

本书以数控铣床、加工中心机床的编程与操作为核心，以 FANUC 0i 系统为例编写，内容包括数控铣床的基础知识，数控铣床面板功能及基本操作，安全操作规程及机床保养维护，普通平面铣削加工，台阶面铣削加工，直线外轮廓的加工，圆弧外轮廓的加工，外轮廓综合加工，钻、铰、扩孔加工，攻螺纹加工，镗孔加工，凹槽加工，型腔加工，内轮廓综合加工，数控铣床综合零件的加工等。书中内容由浅入深，图文并茂，实例丰富，着重于应用，理论部分突出简明性、系统性、实用性和先进性。为方便教学，配套电子课件。

本书可作为高等职业技术学院、中等职业技术学校及技师学院数控、模具、机制、机电等专业的教学用书，也可供相关工程技术人员、数控机床操作人员进行学习和培训使用。

图书在版编目（CIP）数据

数控铣床编程与加工/高利平主编 . —北京：化学工业
出版社，2012.7
高职高专"十二五"规划教材
ISBN 978-7-122-14481-2

Ⅰ. 数…　Ⅱ. 高…　Ⅲ.①数控机床-铣床-程序设计-
高等职业教育-教材②数控机床-铣床-加工-高等职业教
育-教材　Ⅳ. TG547

中国版本图书馆 CIP 数据核字（2012）第 123855 号

责任编辑：韩庆利　　　　　　　　　　　装帧设计：韩　飞
责任校对：宋　夏

出版发行：化学工业出版社（北京市东城区青年湖南街 13 号　邮政编码 100011）
印　　刷：北京永鑫印刷有限责任公司
装　　订：三河市万龙印装有限公司
787mm×1092mm　1/16　印张 9¼　字数 223 千字　2012 年 8 月北京第 1 版第 1 次印刷

购书咨询：010-64518888（传真：010-64519686）　售后服务：010-64518899
网　　址：http://www.cip.com.cn
凡购买本书，如有缺损质量问题，本社销售中心负责调换。

定　　价：22.00 元　　　　　　　　　　　　　　　　版权所有　违者必究

前　言

本书是"工学结合、校企合作"人才培养模式下，以"服务为宗旨，就业为导向，能力培养为目标"的办学方针指导下进行的项目化教学课程改革教材。全书围绕职业能力目标的实现，突出以学生为主体，项目为载体，实训为方法，理实相结合，教学做练一体。

基于目前数控教学的特点，编者根据多年来的一线操作和教学经验，并借鉴一直在机加工岗位从事操作人员的经验，开发了既符合高职高专教学需要，又适应其他不同层次学习者的要求的教材。本书可作为高等职业技术学院、中等职业技术学校及技师学院数控、模具、机制、机电等专业的教学用书，也可供相关工程技术人员、数控机床操作人员作为学习和培训使用。

本书以数控铣床、加工中心机床的编程与操作为核心，以 FANUC 0i 系统为例编写，取材新颖，内容由浅入深，循序渐进、图文并茂、实例丰富、着重于应用，理论部分突出简明性、系统性、实用性和先进性。项目一主要介绍了数控铣床的基础知识、数控铣床面板功能及基本操作、安全操作规程及机床保养维护；项目二介绍了普通平面铣削加工、台阶面铣削加工；项目三介绍了直线外轮廓的加工、圆弧外轮廓的加工、外轮廓综合加工；项目四介绍了钻、铰、扩孔加工、攻螺纹加工、镗孔加工；项目五介绍了凹槽加工、型腔加工、内轮廓综合加工；项目六介绍了数控铣床综合零件的加工。

本书由南通农业职业技术学院高利平担任主编，南通农业职业技术学院高素琴和南通工贸技师学院唐志坚担任副主编，南通农业职业技术学院王惠参编。项目一、二由高素琴负责编写，项目三由唐志坚负责编写，项目四由高利平、高素琴、王惠共同编写，项目五、六由高利平负责编写。全书由高利平统稿。

本教材的编写，得到了南通农业职业技术学院领导和老师的大力支持，在此一并表示感谢。

本教材有配套电子课件，可免费赠送给用本书作为授课教材的院校和老师，如有需要，可发邮件至 hqlbook@126.com 索取。

由于编者水平有限，书中难免有不足之处，望读者和同仁提出宝贵意见。

编者

目　录

项目一　数控铣床基本操作

课题一　数控铣床基础知识

【学习目标与要求】

1. 了解数控铣床结构。
2. 了解数控铣床种类。
3. 了解数控铣床特点及加工范围。

【知识学习】

一、数控铣床

数控铣床是机床设备中应用非常广泛的加工机床，它可以进行平面铣削、平面型腔铣削、外形轮廓铣削、三维及三维以上复杂型面铣削，还可进行钻削、镗削、螺纹切削等孔加工。加工中心、柔性制造单元等都是在数控铣床的基础上产生和发展起来的。图1-1所示为数控铣床外形图。

图1-1　数控铣床

二、数控铣床的组成

主要是由4大部分组成：

（1）CNC系统　是数控铣床的控制核心，由各种数控系统完成对机床的控制。

（2）伺服系统　是数控铣床执行机构的驱动部件，包括主轴电动机和进给伺服电动机。

（3）机械系统　是机床的主体，包括床身、主轴、铣头、升降台、床鞍、工作台。

（4）辅助系统　是数控铣床的配套部件，包括液压装置、气动装置、冷却系统、润滑系统、自动清屑器等。

三、数控铣床种类

（1）按机床主轴位置分——立式、卧式、立卧两用、龙门式；

（2）按工艺用途分——普通 NCM、MC 等；

（3）按数控系统分——FANUC（法那克）、SIEMENS（西门子）、三菱、华中、广数等；

（4）按运动方式分——点位、直线、轮廓控制 NCM；

（5）按伺服系统分——开环、半闭环、闭环 NCM；

（6）按功能水平分——经济、标准、多功能 NCM。

四、数控铣床特点及加工范围

铣削加工是机械加工中最常用的加工方法之一，它主要包括平面铣削和轮廓铣削，也可以对零件进行钻、扩、铰、镗、锪加工及螺纹加工等。数控铣削主要适合于下列几类零件的加工。

1. 平面类零件

平面类零件是指加工面平行或垂直于水平面，以及加工面与水平面的夹角为一定值的零件，这类加工面可展开为平面。如图 1-2 所示。

图 1-2　平面类零件

图 1-3　变斜角类零件

2. 变斜角类零件

加工面与水平面的夹角呈连续变化的零件称为变斜角类零件，其特点是：加工面不能展开为平面，但在加工中，加工面与铣刀圆周接触的瞬间为一条直线。如图 1-3 所示。

3. 立体曲面类零件

加工面为空间曲面的零件称为立体曲面类零件。这类零件的加工面不能展成平面，一般使用球头铣刀切削，加工面与铣刀始终为点接触，若采用其他刀具加工，易于产生干涉而铣伤邻近表面。加工立体曲面类零件一般使用三坐标数控铣床。如图 1-4 所示。

图 1-4　曲面类零件

【练习与思考】

1. 目前市场上常见的数控系统有哪些？
2. 数控铣床由哪几部分组成？
3. 数控机床适用场合有哪些？

课题二 数控铣床面板功能及基本操作

【学习目标与要求】

1. 了解 FANUC 0i Mate-MC 数控铣床操作面板各按键功能。
2. 掌握 FANUC 0i Mate-MC 数控系统的基本操作。
3. 熟练掌握工件、刀具装夹方法。

【知识学习】

一、操作面板功能

FANUC 0i Mate-MC 数控系统面板主要由三部分组成，即 CRT 显示屏、编辑面板及操作面板。

1. FANUC 0i Mate-MC 数控系统 CRT 显示屏及按键

FANUC 0i Mate-MC 数控系统 CRT 显示屏及按键见图 1-5。CRT 显示屏下方的软键，其功能是可变的。在不同的方式下，软键功能依据 CRT 画面最下方显示的软键功能提示。如图 1-6 所示。

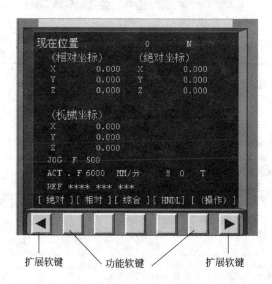

图 1-5 FANUC 0i Mate-MC 数控系统 CRT 显示屏

2. FANUC 0i Mate-MC 数控系统编辑面板按键

FANUC 0i Mate-MC 数控系统编辑面板如图 1-7 所示，其各按键名称及用途见表 1-1、表 1-2 所示。

(a) 程序画面   (b) 刀偏/设定画面   (c) 位置画面

图 1-6　FANUC 0i Mate-MC 数控系统 CRT 显示屏各画面

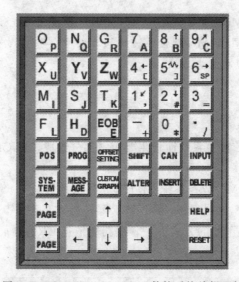

图 1-7　FANUC 0i Mate-MC 数控系统编辑面板

表 1-1　FANUC 0i Mate-MC 数控系统主菜单功能键的符号和用途

序号	键符号	按键名称	用　途
1	POS	位置键	荧屏显示当前位置画面,包括绝对坐标、相对坐标、综合坐标(显示绝对、相对坐标和余移量、运行时间、实际速度等)
2	PROG	程序键	荧屏显示程序画面,显示的内容由系统的操作方式决定 a. 在 AUTO(自动执行)或 MDI(manual data input 手动数据输入)方式下,显示程序内容、当前正在执行的程序段和模态代码、当前正在执行的程序段和下一个将要执行的程序段、检视程序执行或 MDI 程序 b. 在 EDIT(编辑)方式下,显示程序编辑内容、程序目录
3	OFFSET SETTING	刀偏设定键	荧屏显示刀具偏移值、工件坐标系等
4	SYSTEM	系统键	荧屏显示参数画面、系统画面
5	MESSAGE	信息键	荧屏显示报警信息、操作信息和软件操作面板
6	CUSTOM GRAPH	图形显示键	辅助图形画面,CNC 描述程序轨迹

表 1-2　FANUC 0i Mate-MC 数控系统功能键的符号和用途

序号	键符号	按键名称	用　途
1	(O_P ~ 9_C 等23个键)	数字和字符键	每个键都至少含字母、数字键各一个。在系统键入时会根据需要自行选择字母或数字
2	RESET	复位键	用于 CNC 复位或者取消报警等
3	HELP	帮助键	按此键用来显示如何操作机床,如 MDI 键的操作。可在 CNC 发生报警时提供报警的详细信息、帮助功能
4	SHIFT	换档键	在有些键顶部有二个字符。按住此键来选择字符,当一个特殊字符 ∧ 在屏幕上显示时,表示键面右下角的字符可以输入
5	INPUT	输入键	用来对参数键入、偏置量设定与显示页面内的数值输入
6	CAN	取消键	按此键可删除已输入到键的输入缓冲器的最后一个字符或符号
7	ALTER	替换键	替换光标所在的字
	INSERT	插入键	在光标所在字后插入
	DELETE	删除键	删除光标所在字,如光标为一程序段首的字则删除该段程序,此外还可删除若干段程序、一个程序或所有程序
8	光标移动键	向程序的指定方向逐字移动光标
9	↑PAGE 、 ↓PAGE	翻页键	向屏幕显示的页面向上、向下翻页
10	EOB E	分段键	该键是段结束符

3. FANUC 0i Mate-MC 数控系统操作面板按键及旋钮

FANUC 0i Mate-MC 数控系统操作面板如图 1-8 所示,其各按键或旋钮名称及用途见表 1-3 所示。

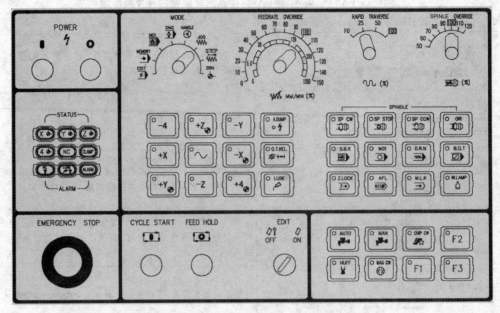

图 1-8　FANUC 0i Mate-MC 数控系统操作面板

表 1-3　FANUC 0i Mate-MC 系统机床控制面板各键和按钮的功能

序号	键、旋钮符号	键、旋钮名称	功能说明
1	EMERGENCY STOP	急停按钮	紧急情况下按下此按钮,机床停止一切运动
2	MODE	操作模式旋钮	用于选择一种工作模式: 编辑模式:用于编写、修改程序。 自动加工模式:用于自动执行程序。 MDI 录入模式:可输入一个程序段后立即执行,不需要完整的程序格式。用以完成简单的工作。 DNC 模式:用于机床在线加工。 手轮模式:选择相应的轴向及手轮进给倍率,实现旋动手轮来移动坐标轴。 JOG 模式:按相应的坐标轴按钮来移动坐标轴,其移动速度取决于"进给倍率修调"值的大小。 STEP 模式:启动脉冲运动功能。每次选择按下轴向键的一个按键,只会在选定的轴和方向移动一个选定的"脉冲步进当量"。因为机床有了手动脉冲,有些机床上该按钮无效。 ZRN 回参考点模式:使各坐标轴返回参考点位置并建立机床坐标系
3	FEEDRATE OVERRDE	进给倍率旋钮	按百分率强制调整进给的速度。 外圈为修调分度率(%):在 0~150% 的范围内,以每 10% 的增量,修调坐标轴移动速度。 内圈为进给率分度:在点动模式下,在 0~1260mm/min 范围内调整坐标轴移动速度

数控铣床编程与加工

序号	键、旋钮符号	键、旋钮名称	功能说明
4	RAPO TRAVERSE F0 25 50 100 (%)	快速倍率旋钮	用于在 0～100％ 的范围内,以每次 25％ 的增量按百分率强制调整快速移动的速度
5	SPINDLE OVERRIDE 50 60 70 80 90 100 110 120 (%)	主轴旋转倍率旋钮	可在 50％～120％ 的范围内,以每次 10％ 的增量调整主轴旋转倍率
6	-4 +Z -Y +X ～ -X +Y -Z +4	轴选择键及快速进给键	在 JOG 模式下按下某轴方向键即向指定的轴方向移动。每次只能按下一个按钮,且按下时,坐标就移动,松手即停止移动。 在按下轴进给键的同时按下快速进给键,可向指定的轴方向快速移动(G00 进给),即通常所说的"快速叠加"
7	S.B.K	单段执行键	在 AUTO、MDI 模式,选择该按键,启动单段执行程序功能。即运行完一个程序段后,机床进给暂停,再按下循环启动键,机床再执行下一个程序段
8	M01	选择停止键	在 AUTO 方式,选择该按键,结合程序中的 M01 指令,程序执行将暂停,直到按下循环启动键才恢复自动执行程序
9	D.R.N	空运行键	在 AUTO 模式下,选择该按键,CNC 系统将按参数设定的速度快速执行程序。除 F 指令不执行外,程序中的所有指令都被执行
10	B.D.T	跳段执行键	在 AUTO 模式下,选择该按键,结合程序中的跳段符"/",可越过所有含有"/"的程序段,执行后续的程序段
11	Z.LOOK Z	Z 轴锁键	在 AUTO 模式下,选择该按键,CNC 系统将执行加工程序而不输出 Z 轴控制信息,即 Z 轴的伺服元件无动作。该方式只能检查程序的语法错误,检查不出 NC 数据的错误
12	AFL M.S.T	辅助功能锁键	在 AUTO 模式下,选择该按键将使辅助功能指令无效
13	M.L.K	伺服元件锁键	在 AUTO 模式下,选择该按键,CNC 系统将只执行加工程序而不输出控制信息,即所有的伺服元件无动作。该方式只能检查程序的语法错误,检查不出 NC 数据的错误,因此很少用到该功能
14	W.LAMP	机床照明键	按此键使其指示灯亮为开机床照明灯,按此键使其指示灯灭为关机床照明灯

项目一 数控铣床基本操作

序号	键、旋钮符号	键、旋钮名称	功能说明
15	 CYCLE START	循环启动键	伺服在 AUTO、MDI 方式下,若按该按键,选定的程序、MDI 键入的程序段将自动执行
16	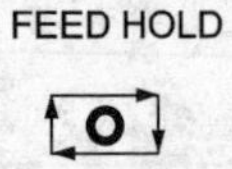 FEED HOLD	进给保持键	在程序执行过程中,若按该按键,进给和程序执行立即停止,直到启用循环启动键
17	 SP CW	主轴正转键	在 JOG 模式或手轮模式且主轴已经赋值过转速的情况下,启用该键,主轴正转。应该避免主轴直接从反转启动到正转,中间应该经过主轴停止转换
18	 SP STOP	主轴停转键	在 JOG 模式或手轮模式下,启用该键,主轴将停止。手工更换刀具时,这个按键必须被启用
19	 SP CCW	主轴反转键	在 JOG 模式或手轮模式且主轴已经赋值过转速的情况下,启用该键,主轴反转。应该避免主轴直接从正转启动到反转,中间应该经过主轴停止转换
20	 MAG CW	刀库正转键	按一下使刀库顺时针转动一个刀位(逆着 Z 轴正向看)。不要随意操作,如过刀库手动转动后使刀库实际到位与主轴当前刀位不一致,容易发生严重的撞刀事故
21	 ORI	主轴准停按键	在 JOG 模式可以使主轴准确停止,停止角度可由系统参数设定
22	 O.T.REL	超程释放键	强制启动伺服系统,一般在机床超程时使用
23	 LUBE	机床润滑键	给机床加润滑油
24	 AUTO	自动冷却键	在自动模式下,当程序中有 M08 给冷却液指令运行,则该键指示灯亮,若没有冷却液指令运行,则该指示灯保持熄灭状态
25	 MAN	手动冷却键	在 JOG 模式、手轮模式或自动模式下,按此键使指示灯亮,则冷却液打开,按此键指示灯灭,则冷却液关闭
26	 EDIT OFF ON	程序保护锁	只有在关闭程序保护锁状态下,出现才可以进行程序的编辑、登录。图示为保护开状态
27	 POWER	系统电源开关键	左边绿色按钮用于启动 NC 单元。右边红色按键用于关闭 NC 系统电源

二、机床基本操作

1. 开机操作

打开机床总电源——按系统电源开键，直至 CRT 显示屏出现 "NOT READY" 提示后——旋开急停旋钮，当 "NOT READY" 提示消失后，开机成功。

注意：在开机前，应先检查机床润滑油是否充足，电源柜门是否关好，操作面板各按键是否处于正常位置，否则将可能影响机床正常开机。

2. 机床回零操作

将操作模式旋钮旋至回零模式——将快速倍率旋钮旋至最大倍率 100%——依次按 +Z、+X、+Y 轴进给方向键（必须先按 +Z，确保回零时不会使刀具撞上工件），待 CRT 显示屏中各轴机械坐标值均为零时 [如图 1-9(a)]，回零操作成功。

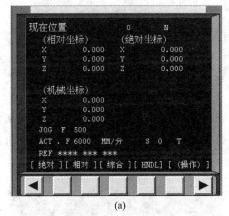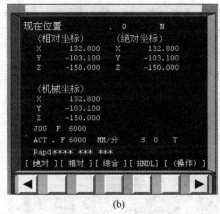

(a)　　　　　　　　　　　　　(b)

图 1-9　FANUC 0i Mate-MC 数控系统回零操作

机床回零操作应注意以下几点：

（1）当机床工作台或主轴当前位置接近机床零点或处于超程状态时，此时应采用手动模式，将机床工作台或主轴移至各轴行程中间位置，否则无法完成回零操作。

（2）机床正在执行回零动作时，不允许旋动操作模式旋钮，否则回零操作失败。

（3）回零操作做完后将操作模式旋钮旋至手动模式——依次按住各轴选择键 -X、-Y、-Z，给机床回退一段约 100mm 左右的距离 [如图 1-9(b) 所示]。

3. 关机操作

按下急停旋钮——按系统电源关键——关闭机床总电源，关机成功。

注意：关机后应立即进行加工现场及机床的清理与保养。

4. 手动模式操作

操作模式旋钮旋至手动模式——分别按住各轴选择键 +Z、+X、+Y、-X、-Y、-Z 即可使机床向 "键名" 的轴和方向连续进给，若同时按快速移动键，则可快速进给——通过调节进给倍率旋钮、快速倍率旋钮，可控制进给、快速进给移动的快慢。

5. 手轮模式操作

操作模式旋钮旋至手轮模式——通过手轮上的轴向选择旋钮可选择轴向运动——顺时针转动手轮脉冲器，轴正移，反之，则轴负移——通过选择脉动量 ×1、×10、×100（分别是 0.001、0.01、0.1mm/格）来确定进给快慢。手轮构造见图 1-10。

6. 手动数据模式（MDI 模式）

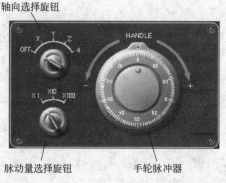

轴向选择旋钮

脉动量选择旋钮　　　手轮脉冲器

图 1-10　手轮面板

将操作模式旋钮旋至 MDI 模式——按编辑面板上的程序键，选择程序屏幕——按下对应 CRT 显示区的软键【(MDI)】，系统会自动加入程序号 O0000——用通常的程序编辑操作编制一个要执行的程序，在程序段的结尾不能加 M30（在程序执行完毕后，光标将停留在最后一个程序段）。如图 1-11(a) 所示输入若干段程序，将光标移到程序首句，按循环启动键即可运行。

若只需在 MDI 输入运行主轴转动等单段程序，只需在程序号 O0000 后输入所需运行的单段程序，光标位置停在末尾 [如图 1-11(b) 所示]，按循环启动键循环启动键即可运行。

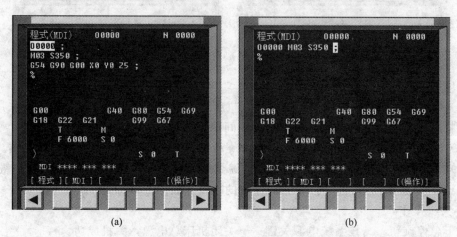

(a)　　　　　　　　　　　　　　　　(b)

图 1-11　FANUC 0i Mate-MC 数控系统 MDI 操作

要删除在 MDI 方式中编制的程序可输入地址 O0000，然后按下 MDI 面板上的删除键或直接按复位键。

7. 程序编辑操作

(1) 创建新程序

将程序保护锁调到开启状态——将操作模式旋钮旋至编辑模式——按程序键——按下软键【(LIB)】进入列表页面 [如图 1-12(a) 所示]——按地址键 O，输入一个系统中尚未建立的程序号 [如图 1-12(a) 所示 O1]——按插入键，创建完成 [如图 1-12(b) 所示窗口]。

(2) 打开程序

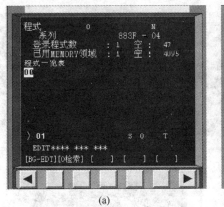
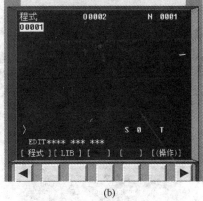

(a)　　　　　　　　　　　　　(b)

图 1-12　FANUC 0i Mate-MC 数控系统创建新程序操作

将程序保护锁调到开启状态——将操作模式旋钮旋至编辑模式——按程序键，按下软键【(LIB)】[如图 1-13(a) 所示 CRT 显示区即将所有建立过的程序列出]——按地址键 O，输入程序号 2（必须是系统已经建立过的程序号）——按向下方向键，打开完成[如图 1-13(b) 所示]。

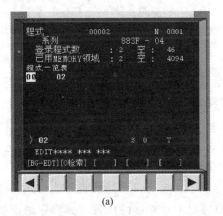
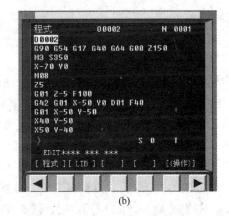

(a)　　　　　　　　　　　　　(b)

图 1-13　FANUC 0i Mate-MC 数控系统进入程序操作

（3）程序的字录入和修改

创建或进入一个新的程序——应用替换键、删除键、插入键、取消键等完成对程序的录入和修改，在每个程序段尾按分段键完成一段。

如图 1-14(a) 所示在程序编辑模式编辑程序 O2，将光标在 G17 处——输入 G18，按下替换键则程序编辑结果为图 1-14(b) 所示，此时光标在 G18 处——按删除键则程序编辑结果为图 1-14(c) 所示，此时光标在 G40 处。

如图 1-14(d) 所示输入 G17——按插入键则程序编辑结果为图 1-14(e) 所示，取消键的功用是取消前面录入的一个字符。

（4）程序编辑的字检索

在编辑模式中打开某个程序——输入要检索的字，例如：X37——向上检索按下向上方向键，向下检索按下向下方向键，光标即停在字符 X37 位置。

注意：在检索程序的检索方向必须存在所检索的字符，否则系统将报警。

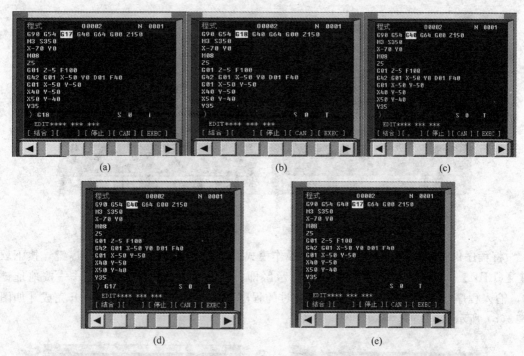

图 1-14　FANUC 0i Mate-MC 数控系统程序的编辑操作

（5）程序的复制

拷贝一个完整的程序：将操作模式旋钮旋至编辑模式——按程序键——按软键【（操作）】——按软件扩展键——按软键【（EX-EDT）】——按软键【（COPY）】——按软键【（ALL）】——输入新的程序名（只输数字部分）并按输入键——按软键【（EXEC）】。

拷贝程序的一部分：将操作模式旋钮旋至编辑模式——按程序键——按软键【（操作）】——按软件扩展键——按软件【（EX-EDT）】——按软键【（COPY）】——将光标移动到要拷贝范围的开头，按软键【（CRSR～）】——将光标移动到要拷贝范围的末尾，按软键【（～CRSR）】或【（～BTTM）】（如按【（～BTTM）】则不管光标的位置直到程序结束的程序都将被拷贝）——输入新的程序名（只输数字部分）并按输入键——按软件【（EXEC）】。

（6）程序的删除

删除一个完整的程序：将操作模式旋钮旋至编辑模式——按下软键【（LIB）】［如图1-15（a）所示］——按程序键——键入地址键 O——键入要删除的程序号［如图 1-15（a）键入 O1］——按删除键，删除完成［结果如图 1-15（b）所示］。

删除内存中的所有程序：将操作模式旋钮旋至编辑模式——按下软键【（LIB）】——按程序键——键入地址键 O——键入－9999——按删除键，删除完成。

删除指定范围内的多个程序：将操作模式旋钮旋至编辑模式——按下软键【（LIB）】——按程序键——输入 OXXXX，OYYYY（XXXX 代表将要删除程序的起始程序号，YYYY 代表将要删除程序的终止程序号）——按删除键即删除从 No xxxx-No yyyy 之间的程序。

8. 刀具补偿的设定操作

按刀偏设定键——按软键【（补正）】，出现如图 1-16 所示画面——按光标移动键，将

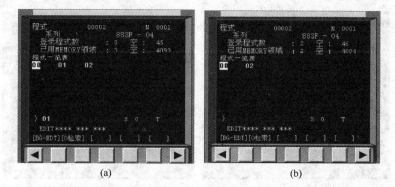

图 1-15　FANUC 0i Mate-MC 数控系统程序删除操作

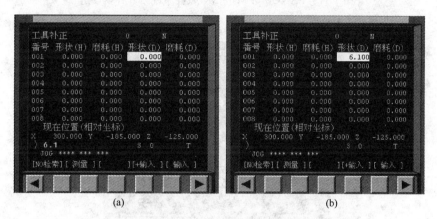

图 1-16　FANUC 0i Mate-MC 数控系统刀补设定操作

光标移至需要设定刀补的相应位置［如图 1-16(a) 光标停在 D01 位置］——输入补偿量［如图 1-16(a) 输入刀补值 6.1］——按输入键［结果如图 1-16(b) 所示］。

9. 空运行操作

在自动运行加工程序之前，需先对加工程序进行检查。检查可以采用机床锁住运行（该方式只能检查程序的语法错误，检查不出 NC 数据的错误，因此很少用到该功能）及空运行操作。

空运行操作中通过观察刀具的加工路径及其模拟轨迹，发现程序中存在的问题。空运行的进给是快速的，所以空运行操作前要实行刀具长度补偿。即将工件坐标系在 Z 轴方向抬高才能安全进行空运行操作，否则会以 G00 进给速度铣削，从而导致撞刀等事故！

操作步骤：

抬刀及设置刀具补偿：按下刀偏设定键——按软键【(坐标系)】，进入如图 1-17(a) 所示页面——确认光标停在番号 00 的 Z 坐标位置。——输入 50，再按输入键［如图 1-17(b) 所示页面］即将工件坐标系在 Z 轴方向抬高 50mm——设置好刀具半径补偿参数。

启动程序空运行：按前面讲解的操作打开某个内存中的程序——按复位键使确认光标在程序首的位置——将操作模式旋钮旋至自动模式——按空运行键（如图 1-18 所示）。调整进给倍率到 2%～10%，按循环启动键，当程序执行过了 Z 轴的定位后，可将进给倍率恢复到 120%。

检查程序：可以通过观察刀具的加工路径及其模拟轨迹（按图形画面显示键进入"图

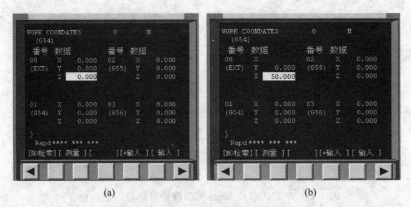

(a)   (b)

图 1-17　FANUC 0i Mate-MC 数控系统刀具补偿设定

图 1-18　FANUC 0i Mate-MC 数控系统自动运行操作

形显示"页面——按下软件【（参数）】，在该页面中设置图形显示的参数，设置好显示参数后按下软件【（图形）】即可进入加工程序模拟图形显示页面），观察程序的路径、程序是否正确。如有错误则反复修改、运行，直至路径、程序正确。

10. 自动运行操作

撤销空运行：按空运行键确认空运行指示灯灭。

撤销抬刀及设置刀具补偿：按下刀偏设定键——按软键【（坐标系）】，进入如图 1-16 所示页面。确定光标停在番号 00 的 Z 坐标位置——输入 0，再按输入键将工件坐标系在 Z 轴方向抬高值撤销——设置好刀具半径补偿参数。

启动程序自动运行：按前面讲解的操作打开某个内存中的程序并使确认光标在程序首的位置——将操作模式旋钮旋至自动模式——按软键【（检视）】（如图 1-18 所示，在此页面可以观察程序运行时的各轴移动剩余量、当前刀号、当前转速等信息）——按下循环启动键（在自动运行前按下单段执行按键、选择停止键、跳段执行键等可在自动运行过程中实现相应的功能）。

程序运行过程中将主轴背率旋钮和进给倍率旋钮调至适当值，保证加工正常（在程序第一次运行时，Z 轴的进给一定要逐步减慢，确保发现下刀不对时可及时停止）。

注：在加工中如遇突发事件，应立即按下急停按钮！

【操作训练】

一、模拟图形

在进行程序检查时，可以通过图形显示功能来描绘刀具路径，如图 1-19 所示。具体操作步骤如下。

（1）选择"编辑"方式。

（2）按"PRGRM"键，输入 O 和要运行的程序号。

（3）按 PAGE〔↓〕，显示程序。

（4）选择"自动"方式。

（5）按"锁定"键，进行机械锁定。

（6）按"GRAPH"键。

（7）按"循环启动"，开始描绘图形。

（8）再按"锁定"键，进行机械锁定解除。

（9）回零操作。

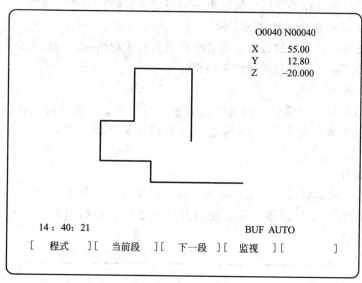

图 1-19　图形模拟页面

二、工件的装夹

在数控铣床上加工工件时，常用的装夹方法有：平口钳装夹、压板装夹、组合夹具装夹和专用夹具装夹。

1. 用平口钳装夹工件

采用平口钳装夹工件的方法，一般适合工件尺寸较小，形状比较规则，生产批量较小的情况。使用平口钳装夹工件时，应注意以下几个问题：

（1）使用前要使用千分表确认钳口与 X 轴或 Y 轴平行。

（2）工件底面不能悬空，否则工件在受到切削力时位置可能发生变化，甚至可能发生打刀事故。安装时可在工件底下垫上等高垫铁，等高垫铁厚度根据工件的安装高度情况选择。夹紧时应边夹紧边用铜棒或胶锤将工件敲实。

（3）需要加工通孔时，要注意垫铁的位置，防止在加工时加工到垫铁。

（4）在铣外轮廓时，要保证工件露出钳口部分足够高，以防止加工时铣到钳口。

（5）批量生产时，应将固定钳口面确定为基准面，与固定钳口面垂直方向可在工作台上固定一挡铁作为基准。

2. 用压板装夹工件

采用压板装夹工件的方法，一般适合工件尺寸较大，工件底面较规则，生产批量较小的情况。使用压板装夹工件时，应注意以下几个问题：

（1）工件装夹时，要注意确定基准边的位置，并用千分表进行找正。

（2）需要加工通孔时，在工件底面要垫上等高垫铁，并要注意垫铁的位置，防止在加工时加工到垫铁。

（3）编程时，就要考虑压板的位置，避免加工时碰到压板。如果工件的整个上面或四周都需要加工时，可采用"倒压板"的方式进行加工，即先将压板附近的表面留下暂不加工，加工其他表面。其他表面加工完成后，在保证原压板不松开的情况下，在已加工过的表面再上一组压板并夹紧（如已加工表面怕划伤时，可在压板下面垫上铜皮），然后卸掉原压板，加工剩余表面。

（4）压板的位置要和垫铁的位置上下一一对应，以防止工件夹紧变形。

3. 用专用夹具和组合夹具装夹工件

采用专用夹具装夹工件的方法，适合生产批量较大的情况。合理地设计和利用专用夹具，可大大地提高生产效率和提高加工精度。

三、刀具的装夹

数控铣床的刀具一般通过刀柄自带的夹头进行装夹。在装夹时，在保证加工过程中不与工件及夹具干涉的情况下，应尽量使刀具伸出长度短一些，以提高加工时刀具的刚度。

四、对刀练习

对刀前首先要确定好工件的工艺基准（即工件坐标系的原点），然后使用寻边仪或刀具确定工件的 X 和 Y 坐标位置，最后使用刀具确定 Z 坐标的位置，读入工件坐标系中，如图 1-20 所示。

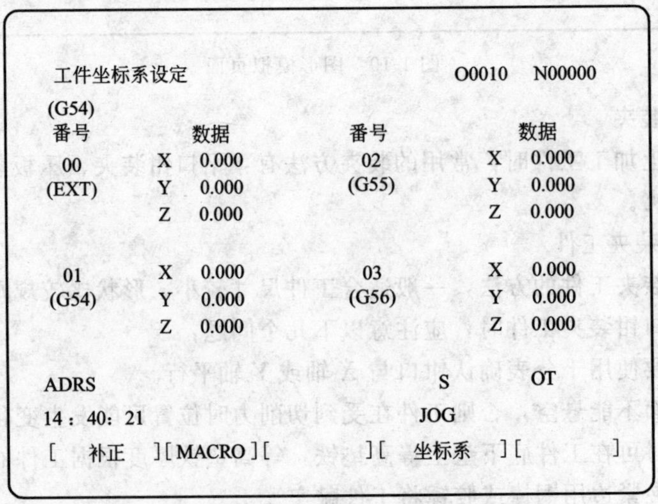

工件坐标系设定				O0010 N00000
（G54）				
番号		数据	番号	数据
00	X	0.000	02	X 0.000
（EXT）	Y	0.000	（G55）	Y 0.000
	Z	0.000		Z 0.000
01	X	0.000	03	X 0.000
（G54）	Y	0.000	（G56）	Y 0.000
	Z	0.000		Z 0.000
ADRS			S	OT
14：40：21			JOG	
［ 补正 ］［MACRO］［ ］［ 坐标系 ］［ ］				

图 1-20 坐标系设定页面

各轴对刀方法如图 1-21 所示。

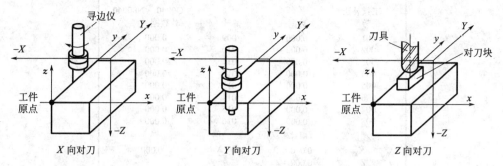

图 1-21　X、Y、Z 轴对刀示意

X 向对刀方法：

① 将对寻边装在主轴上；

② 主轴旋转 500r/min～700r/min；

③ 手摇移动工作台使寻边仪靠近工件，直到寻边仪上下两部分重合；

④ 手摇提起寻边仪脱离工件；

⑤ 手摇使 X 轴向工件内移动一个寻边仪半径距离；

⑥ X 轴相对坐标清零或将机床坐标值输入到 G54 存储器里。

Y 向对刀方法：与 X 向对刀方法相同。

Z 向对刀方法：

① 将刀具装在主轴上；

② 在工件上放一对刀块；

③ 手摇移动使刀具靠近对刀块，边移动刀具边拿对刀块试塞，直到松紧适度为止；

④ 手摇使刀具至工件外，脱离工件；

⑤ 手摇使 Z 轴向下移动一个对刀块高度；

⑥ Z 轴相对坐标清零或将 Z 轴机床坐标值输入到 G54 存储器里。

使用 G92 确定工件坐标系时，工件坐标系中的 P… 点即为 "G92 P…;" 所在点；使用 G54 确定工件坐标系时，执行 "G90 G00 G54 P…;" 指令后，刀尖点将到达工件坐标系中的 P… 点。

(1) 输入半径补偿参数

① 按 MENU/OFFSET 键进入参数设定页面。

② 用 PAGE ［↑］ 或 ［↓］ 键选择半径补偿参数页面，如图 1-22 所示。

③ 用 CURSOR ［↑］ 或 ［↓］ 键选择补偿参数编号。

④ 输入补偿值到输入域。

⑤ 按 INPUT 键，把输入域中间的补偿值输入到所指定的位置。

(2) 输入长度补偿参数

① MODE 旋钮设在 EDIT。

② 按 MENU/OFFSET 键进入参数设定页面。

③ 用 PAGE ［↑］ 或 ［↓］ 键选择长度补偿参数页面，如图 1-22 所示。

④ 用 CURSOR ［↑］ 或 ［↓］ 键选择补偿参数编号。

```
┌─────────────────────────────────────────────────────────┐
│  工具补正                                O0040  N00040    │
│  番号        数据          番号          数据             │
│  001        0.000        009          0.000            │
│  002        0.000        010          0.000            │
│  003        0.000        011          20.000           │
│  004        0.000        012          0.000            │
│  005        0.000        013          0.000            │
│  006        0.000        014          0.000            │
│  007        0.000        015          0.000            │
│  008        0.000        016          0.000            │
│                                                          │
│  现在位置    （相对坐标）                                  │
│     X        0.000            Y              0.000       │
│     Z        0.000                                       │
│  番号020    ＝                        S      OT          │
│   14: 40: 21                       EDIT                  │
│  [  补正  ][MACRO][      ][  坐标系 ][      ]             │
└─────────────────────────────────────────────────────────┘
```

图 1-22 刀补页面

⑤ 输入补偿值到输入域。

⑥ 按 INPUT 键，把输入域中的补偿值存储到单元里。

使用时，为了便于管理，常常在 001～020 存储单元上存储半径补偿值，在 021～032 存储单元上存储刀具长度补偿值。

五、自动加工

自动加工有 3 种方式可供选择，使用时可根据具体情况选择合适的方式。

1. "自动"方式下的自动运行

(1) 预先将程序存入存储器中。

(2) 选择要运行的程序。

(3) 将方式选择旋钮置于"自动"的位置。

(4) 按"循环启动"键，开始自动运行，循环启动灯亮。

注意：对于首次执行的程序，或刀具和机床经过了重新调整，为了安全起见，按"循环启动"键之前"进给速率修调"要调低一些，最好使用"单段"方式运行，待确认确实没有问题的情况下，再将进给速度调高和改用连续运行。

2. "MDI"方式下的自动运行

(1) 将方式选择旋钮置于 MDI 的位置。

(2) 按下 PRGRM。

(3) 按 PAGE 键，使画面的左上角显示 MDI。

(4) 输入程序。

(5) 按"循环启动"键，开始执行。

3. DNC 方式下的自动运行

FANUC 数控系统的用户程序存储量一般较小，而曲面加工的程序往往很长，当存储器容量不足以存下用户程序时，可采用 DNC 方式加工。

(1) 将方式选择旋钮置于"纸带"的位置。

(2) 按下"单段"。

(3) 按"循环启动"键，等待执行程序。

（4）通过传输软件将计算机中的用户程序向数控系统传送，此时开始加工，每按一次"循环启动"键，执行一个程序段。

（5）当确认程序运行正常时，取消单段执行方式，开始连续加工。

4. 自动运行停止

（1）程序停止（M00）

当执行 M00 指令后，自动停止运行，按"循环启动"键，程序再次开始向下自动运行。

（2）任选停止（M01）

M01 指令与 M00 基本相同，只是需将"任选停止"开关接通才能被执行。

（3）程序结束（M02，M30）

执行 M02 指令后，自动运转停止，程序指向当前位置。执行 M30 指令后，自动运转停止，程序呈复位状态。

（4）进给保持

按"进给保持"运行暂停，再按"循环启动"键，开始继续自动运行。

【练习与思考】

1. 练习数控铣床工件的装夹。
2. 练习数控铣床刀具的装夹。
3. 练习数控铣床对刀。
4. 试述数控铣床各加工模式及作用。

课题三 安全操作规程及机床保养维护

【学习目标与要求】

1. 掌握数控铣床安全操作规程。
2. 熟悉数控铣床的日常维护及保养。

【知识学习】

一、文明生产和安全操作规程

1. 文明生产

数控机床是一种自动化程度较高，结构较复杂的先进加工设备，为了充分发挥机床的优越性，提高生产效率，管好、用好、修好数控机床，技术人员的素质及文明生产显得尤为重要。操作人员除了要熟悉掌握数控机床的性能，做到熟练操作以外，还必须养成文明生产的良好工作习惯和严谨工作作风，具有良好的职业素质、责任心和合作精神。操作时应做到以下几点：

（1）严格遵守数控机床的安全操作规程。未经专业培训不得擅自操作机床。

（2）严格遵守上下班、交接班制度。

（3）做到用好、管好机床，具有较强的工作责任心。

（4）保持数控机床周围的环境整洁。

（5）操作人员应穿戴好工作服、工作鞋，不得穿、戴有危险性的服饰品。

2. 安全操作规程

为了正确合理地使用数控机床，减少其故障的发生率，操作方法。经机床管理人员同意方可操作机床。

（1）开机前的注意事项

① 操作人员必须熟悉该数控机床的性能，操作方法。经机床管理人员同意方可操作机床。

② 机床通电前，先检查电压、气压、油压是否符合工作要求。

③ 检查机床可动部分是否处于可正常工作状态。

④ 检查工作台是否有越位，超极限状态。

⑤ 检查电气元件是否牢固，是否有接线脱落。

⑥ 检查机床接地线是否和车间地线可靠连接（初次开机特别重要）。

⑦ 已完成开机前的准备工作后方可合上电源总开关。

（2）开机过程注意事项

① 严格按机床说明书中的开机顺序进行操作。

② 一般情况下开机过程中必须先进行回机床参考点操作，建立机床坐标系。

③ 开机后让机床空运转 15min 以上，使机床达到平衡状态。

④ 关机以后必须等待 5min 以上才可以进行再次开机，没有特殊情况不得随意频繁进行开机或关机操作。

（3）调试过程注意事项

① 编辑、修改、调试好程序。若是首件试切必须进行空运行，确保程序正确无误。

② 按工艺要求安装、调试好夹具，并清除各定位面的铁屑和杂物。

③ 按定位要求装夹好工件，确保定位正确可靠。不得在加工过程中发生工件有松动现象。

④ 安装好所要用的刀具，若是加工中心，则必须使刀具在刀库上的刀位号与程序中的刀号严格一致。

⑤ 按工件上的编程原点进行对刀，建立工件坐标系。若用多把刀具，则其余各把刀具分别进行长度补偿或刀尖位置补偿。

⑥ 设置好刀具半径补偿。

⑦ 确认冷却液输出通畅，流量充足。

⑧ 再次检查所建立的工件坐标系是否正确。

⑨ 以上各点准备好后方可加工工件。

（4）加工过程注意事项

① 加工过程中，不得调整刀具和测量工件尺寸。

② 自动加工中，自始至终监视运转状态，严禁离开机床，遇到问题及时解决，防止发生不必要的事故。

③ 定时对工件进行检验。确定刀具是否磨损等情况。

④ 关机时，或交接班时对加工情况、重要数据等作好记录。

⑤ 机床各轴关机时远离其参考点，或停在中间位置，使工作台重心稳定。

⑥ 清楚机床，必要时涂防锈漆。

二、数控机床的维护保养

数控机床的使用寿命和效率高低，不仅取决于机床本身的精度和性能，很大程度上也取决于它的正确使用和维修。正确的使用能防止设备非正常磨损，避免突发故障；精心的维护可使设备保持良好的技术状态，延迟老化进程，及时发现和消灭故障，防患于未来，防止恶性事故的发生，从而保障安全运行。也就是说，机床的正确操作与精心维护，是贯彻设备管理以预防为主的重要环节。

各类数控机床因其功能、结构及系统的不同，各具不同的特性。其维护保养的内容和规则也各有特色，具体应根据其机床种类、型号及实际使用情况，并参照该机床说明书的要求，制定和建立必要的定期、定级保养制度。下面列举一些常见、通用的日常维护保养要点。

1. 使机床保持良好的润滑状态

定期检查清洗自动润滑系统，添加或更换油脂、油液，使丝杠、导轨等各运动部位始终保持良好的润滑状态，降低机械磨损速度。

2. 定期检查液压、气压系统

对液压系统定期进行油质化验，检查和更换液压油，并定期对各润滑、液压、气压系统的过滤器或过滤网进行清洗或更换，对气压系统还要注意经常放水。

3. 定期检查电动机系统

对直流电动机定期进行电刷和换向器检查、清洗和更换，若换向器表面脏，应用白布沾酒精予以清洗；若表面粗糙，用细金相砂纸予以修整；若电刷长度为 10mm 以下时，予以更换。

4. 适时对各坐标系轴进行超限位试验

由于切削液等原因使硬件限位开关产生锈蚀，平时又主要靠软件限位起保护作用。因此要防止限位开关锈蚀后不起作用，防止工作台发生碰撞，严重时会损坏滚珠丝杠，影响其机械精度。试验时只要按一下限位开关确认一下是否出现超程报警，或检查相应的 I/O 接口信号是否变化。

5. 定期检查电器元件

检查各插头、插座、电缆、各继电器的触点是否接触良好，检查各印刷线路板是否干净。检查主变电器、各电机的绝缘电阻在 1MΩ 以上。平时尽量少开电气柜门，以保持电气柜内的清洁，定期对电器柜和有关电器的冷却风扇进行卫生清洁，更换其空气过滤网等。电路板上太脏或受潮，可能发生短路现象，因此，必要时对各个电路板、电气元件采用吸尘法进行卫生清扫等。

6. 机床长期不用时的维护

数控机床不宜长期封存不用，购买数控机床以后要充分利用起来，尽量提高机床的利用率，尤其是投入的第一年，更要充分的利用，使其容易出现故障的薄弱环节尽早的暴露出来，使故障的隐患尽可能在保修期内得以排除。数控机床不用，反而由于受潮等原因加快电子元件的变质或损坏，如数控机床长期不用时要长期通电，并进行机床功能试验程序的完整运行。要求每 1～3 周通电试运行 1 次，尤其是在环境湿度较大的梅雨季节，应增加通电次数，每次空运行 1 小时左右，以利用机床本身的发热来降低机内湿度，使电子元件不致受潮。同时，也能及时发现有无电池报警发生，以防系统软件、参数的丢失等。

7. 更换存储器电池

一般数控系统内对 COMOS RAM 存储器器件设有可充电电池维持电路，以保证系统不通电期间保持其存储器的的内容。在一般的情况下，即使电池尚未失效，也应每年更换一次，以确保系统能正常工作。电池的更换应在数控装置通电状态下进行，以防更换时 RAM 内信息丢失。

8. 印刷线路板的维护

印刷线路板长期不用是很容易出故障的。因此，对于已购置的备用印刷线路板应定期装到数控装置上运行一段时间，以防损坏。

9. 监视数控装置用的电网电压

数控装置通常允许电网电压在额定值的＋10％～－15％的范围内活动，如果超出此范围就会造成系统不能正常工作，甚至会引起数控系统内电子元件的损坏。为此，需要经常监视数控装置用的电网电压。

10. 定期进行机床水平和机械精度检查

机械精度的校正方法有软硬两种。其软方法主要是通过系统参数补偿，如丝杠反向间隙补偿、各坐标系定位精度定点补偿、机床回参考点位置校正等；其硬方法一般要在机床大修时进行，如进行导轨修刮、滚珠丝杠螺母预紧、调整反向间隙等。

11. 经常打扫卫生

如果机床周围环境太脏、粉尘太多，均可以影响机床的正常运行；电路板太脏，可能产生短路现象；油水过滤网、安全过滤网等太脏，会发生压力不够、散热不好，造成故障。所以必须定期进行卫生清扫。

【知识链接】

数控铣床检查周期、部位、要求见表 1-4。

表 1-4 数控铣床检查周期表

序号	检查周期	检查部位	检 查 要 求
1	每天	导轨润滑油箱	检查油量，及时添加润滑油，润滑油泵是否定时启动打油
2	每天	主轴润滑恒温油箱	工作是否正常，油量充足，温度范围是否合适
3	每天	机床液压系统	油箱油泵有无异常噪声，工作油面高度是否合适，压力表指示是否正常，管路及各接头有无泄漏
4	每天	压缩空气气源压力	气动控制系统压力是否在正常范围之内
5	每天	气源自动分水滤气器，自动空气干燥器	及时清理分水器中滤出的水分，保证自动空气干燥器工作正常
6	每天	气液转换器和增压器油面	油量不够时要及时补充
7	每天	X、Y、Z 轴导轨面	清除切屑和脏物，检查导轨面有无划伤损坏，润滑油是否充足
8	每天	各防护装置	导轨、机床防护罩等是否齐全有效
9	每天	电气柜各散热通风装置	各电气柜中散热风扇是否工作正常，风道过滤网有无堵塞，及时清洗过滤器
10	每天	冷却油箱、水箱	随时检查液面高度，及时添加油（或水），太脏时要更换。清洗油箱（水箱）和过滤器
11	每周	各电气柜过滤网	清洗黏附的尘土
12	不定期	废油池	及时取走存积在废油池中的废油，避免溢出
13	不定期	排屑器	经常清理切屑，检查有无卡住等现象

序号	检查周期	检查部位	检 查 要 求
14	半年	检查主轴驱动皮带	按机床说明书要求调整皮带的松紧程度
15	半年	各轴导轨上镶条、压紧滚轮	按机床说明书要求调整松紧状态
16	一年	检查或更换直流伺服电动机碳刷	检查换向器表面,去除毛刺,吹净碳粉,及时更换长度过短的碳刷,并应跑合后才能使用
17	一年	液压油路	清洗滤油器、油箱,过滤或更换液压油
18	一年	主轴润滑恒温油箱	清洗过滤器、油箱,更换润滑油
19	一年	润滑油泵,过滤器	清洗润滑油池,更换过滤器
20	一年	滚珠丝杠	清洗丝杠上旧的润滑脂,涂上新油脂

【练习与思考】

1. 简述数控铣床安全操作规程。
2. 试述数控铣床日常维护保养的内容。
3. 试述数控铣床日常操作有哪些注意事项。

项目二　平面铣削加工

课题一　普通平面铣削加工

【学习目标与要求】

1. 熟悉数控铣床平面加工常用刀具。

2. 熟练装夹工件、刀具。

3. 会制定平面铣削加工工艺方案。

4. 熟练数控铣床基本操作。

5. 完成如图 2-1 所示零件的上表面加工（其余表面已加工）。毛坯为 80mm×80mm×22mm 长方块，材料为 45 钢。

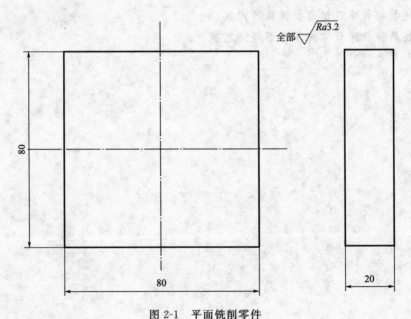

图 2-1　平面铣削零件

【知识学习】

一、平面铣削的工艺知识

平面铣削通常是把工件表面加工到某一高度并达到一定表面质量要求的加工。

1. 平面铣削的加工方法

平面铣削的加工方法主要有周铣和端铣两种，如图 2-2 所示。

2. 平面铣削的刀具

（1）立铣刀

立铣刀的圆周表面和端面上都有切削刃，圆周切削刃为主切削刃，主要用来铣削台阶面。一般 $\phi(20\sim40)$mm 的立铣刀铣削台阶面的质量较好。

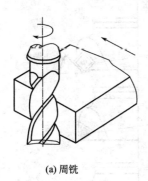

(a) 周铣

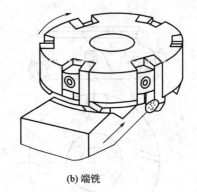

(b) 端铣

图 2-2　周铣和端铣

（2）面铣刀

面铣刀的圆周表面和端面上都有切削刃，端部切削刃为主切削刃，主要用来铣削大平面，以提高加工效率。用面铣刀端铣有如下特点：

① 用端铣的方法铣出的平面，其平面度的好坏主要取决于铣床主轴轴线与进给方向的垂直度。面铣刀加工时，它的轴线垂直于工件的加工表面。

② 端铣用的面铣刀其装夹刚性较好，铣削时振动较小。

③ 端铣时，同时工作的刀齿数比周铣时多，工作较平稳。这是因为端铣时刀齿在铣削层宽度的范围内工作。

④ 端铣用面铣刀切削，其刀齿的主、副切削刃同时工作，由主切削刃切去大部分余量，副切削刃则可起到修光作用，铣刀齿刃负荷分配也较合理，铣刀使用寿命较长，且加工表面的表面粗糙度值也比较小。

⑤ 端铣的面铣刀，便于镶装硬质合金刀片进行高速铣削和阶梯铣削，生产效率高，铣削表面质量也比较好。

一般情况下，铣平面时，端铣的生产效率和铣削质量都比周铣高，所以平面铣削应尽量端铣方法。一般大面积的平面铣削使用面铣刀，在小面积平面铣削也可使用立铣刀端铣。

3. 面铣刀的选用

面铣刀的圆周表面和端面上都有切削刃，端部切削刃为副切削刃。由于面铣刀的直径一般较大，为 $\phi(50\sim500)$ mm，故常制成套式镶齿结构，即将刀齿和刀体分开，刀体采用 40Cr 制作，可长期使用。硬质合金面铣刀与高速钢面铣刀相比，铣削速度较高、加工效率高、加工表面质量也较好，并可加工带有硬皮和淬硬层的工件，在数控面铣削时得到广泛应用。

（1）硬质合金可转位式面铣刀

硬质合金可转位式面铣刀（可转位式端铣刀），如图 2-3 所示。这种结构成本低，制作方便，刀刃用钝后，可直接在机床上转换刀刃和更换刀片。

可转位式面铣刀要求刀片定位精度高、夹紧可靠、排屑容易、更换刀片迅速等，同时各定位、夹紧元件通用性要好，制造要方便，降低成本，操作使用方便。

硬质合金面铣刀与高速钢面铣刀相比，铣削速度较高、加工效率较高、加工表面质量也较好，并可加工带有硬皮和淬硬层的工件，在提高产品质量和加工效率等方面都具有明

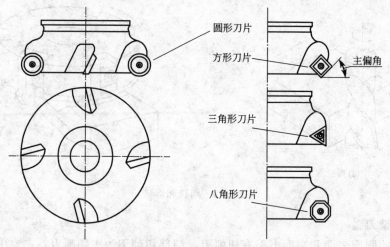

圆形刀片

方形刀片 — 主偏角

三角形刀片

八角形刀片

图 2-3　可转位面铣刀

显的优越性。

（2）直径选用

平面铣削时，面铣刀直径尺寸的选择是重点考虑问题之一。

对于面积不太大的平面，宜用直径比平面宽度大的面铣刀实现单次平面铣削，平面铣刀最理想的宽度应为材料宽度的 1.3～1.6 倍。1.3～1.6 倍的比例可以保证切屑较好的形成和排出。

对于面积太大的平面，由于受到多种因素（如机床功率、刀具和可转位刀片几何尺寸、安装刚度、每次切削的深度和宽度）的限制，面铣刀刀具直径不可能比加工平面宽度更大时，宜选用直径大小适当的面铣刀分多次走刀铣削平面。特别是平面粗加工时，切深大、余量不均匀，考虑到机床功率和工艺系统的受力，铣刀直径 D 不宜过大。

工件分散、较小面积的平面，可选用直径较小的立铣刀铣削。

面铣时，应尽量避免面铣刀刀具的全部刀齿参与铣削，即应该避免对宽度等于或稍微大于刀具直径的工件进行平面铣削。面铣刀整个宽度全部参与铣削（全齿铣削）会迅速磨损镶刀片的切削刃，并容易使切屑黏结在刀齿上。此外工件表面质量也会受到影响，严重时会造成镶刀片过早报废，从而增加加工的成本。

（3）面铣刀刀齿选用

面铣刀齿数对铣削生产率和加工质量有直接影响，齿数越多，同时参与切削的齿数也多，生产率高，铣削过程平稳，加工质量好，但要考虑到其负面的影响：刀齿越密，容屑空间小，排屑不畅，因此只有在精加工余量小和切屑少的场合用齿数相对多的铣刀。

可转位面铣刀的齿数根据直径不同可分为粗齿、细齿、密齿三种。粗齿铣刀主要用于粗加工；细齿铣刀用于平稳条件下的铣削加工；密齿铣刀的每齿进给量较小，主要用于薄壁铸铁的加工。

面铣刀主要以端齿为主加工各种平面。刀齿主偏角一般为 45°、60°、75°、90°，主偏角为 90° 的面铣刀还能同时加工出与平面垂直的直角面，这个面的高度受到刀片长度的限制。

数控铣床编程与加工

4. 平面铣削的路线设计

平面铣削中，刀具相对于工件的位置选择是否适当将影响到切削加工的状态和加工质量，现分析图 2-4 中面铣刀进入工件材料时的位置对加工的影响。

（1）刀心轨迹与工件中心线重合。

如图 2-4(a)，刀具中心轨迹与工件中心线重合。单次平面铣削时，当刀具中心处于工件中间位置，容易引起颤振，从而影响到表面加工质量，因此，应该避免刀具中心处于工件中间位置。

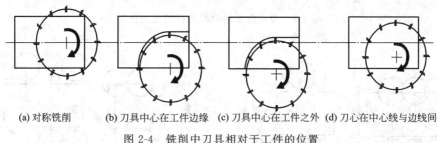

(a) 对称铣削　　(b) 刀具中心在工件边缘　(c) 刀具中心在工件之外　(d) 刀心在中心线与边线间

图 2-4　铣削中刀具相对于工件的位置

（2）刀心轨迹与工件边缘重合

如图 2-4(b)，当刀心轨迹与工件边缘线重合时，切削镶刀片进入工件材料时的冲击力最大，是最不利刀具寿命和加工质量的情况。因此应该避免刀具中心线与工件边缘线重合。

（3）刀心轨迹在工件边缘外

如图 2-4(c)，刀心轨迹在工件边缘外时，刀具刚刚切入工件时，刀片相对工件材料冲击速度大，引起碰撞力也较大。容易使刀具破损或产生缺口，基于此，拟定刀心轨迹时，应避免刀心在工件之外。

（4）刀心轨迹在工件边缘与中心线间

如图 2-4(d)，当刀心处于工件内时，已切入工件材料镶刀片承受最大切削力，而刚切入（撞入）工件的刀片将受力较小，引起碰撞力也较小，从而可延长镶刀片寿命，且引起的振动也小一些。

因此尽量让面铣刀中心在工件区域内。但要注意：当工件表面只需一次切削时，应避免刀心轨迹线与工件表面的中心线重合。

由上分析可见：拟定面铣刀路时，应尽量避免刀心轨迹与工件中心线重合、刀心轨迹与工件边缘重合、刀心轨迹在工件边缘外的三种情况，设计刀心轨迹在工件边缘与中心线间是理想的选择。

再比较如图 2-5 两个刀路，虽然刀心轨迹在工件边缘与中心线间，但图 2-5(b) 面铣刀整个宽度全部参与铣削，刀具容易磨损；图 2-5(a) 所示的刀具铣削位置是合适的。

（5）大平面铣削时的刀具路线

单次平面铣削的一般规则同样也适用于多次铣削。由于平面铣刀直径的限制而不能一次切除较大平面区域内的所有材料，因此在同一深度需要多次走刀。

铣削大面积工件平面时，分多次铣削的刀路有好几种，如图 2-6，最为常见的方法为同一深度上的单向多次切削和双向多次切削。

① 单向多次切削粗精加工的路线设计。如图 2-6(a)、（b）为单向多次切削粗精加工

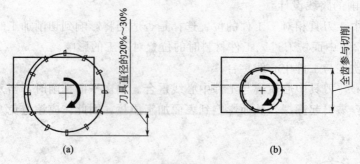

图 2-5　刀心在工件内的两种情况的比较

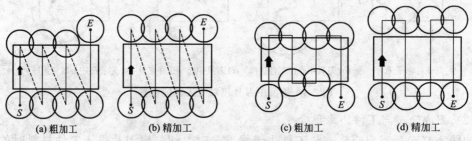

图 2-6　面铣的多次切削刀路

的路线设计。

　　单向多次切削时，切削起点在工件的同一侧，另一侧为终点的位置，每完成一次工作进给的切削后，刀具从工件上方快速点定位回到与切削起点在工件的同一侧，这是平面精铣削时常用的方法，然而频繁的快速返回运动导致效率很低，但这种刀路能保证面铣刀的切削总是顺铣。

　　② 双向来回 Z 形切削。双向来回切削也称为 Z 形切削，如图 2-6(c)、(d)，显然它的效率比单向多次切削要高，但它在面铣刀改变方向时，刀具要从顺铣方式改为逆铣方式，从而在精铣平面时影响加工质量，因此平面质量要求高的平面精铣通常并不使用这种刀路，但常用于平面铣削的粗加工。

　　为了安全起见，刀具起点和终点设计时，应确保刀具与工件间有足够的安全间隙。

　　5. 平面铣削的切削参数

　　(1) 背吃刀量（端铣）或侧吃刀量（圆周铣）的选择

　　背吃刀量和侧吃刀量的选取主要由加工余量和对表面质量的要求决定：

　　① 在要求工件表面粗糙度值 Ra 为 $12.5 \sim 25\mu m$ 时，如果圆周铣削的加工余量小于 5mm，端铣的加工余量小于 6mm，粗铣一次进给就可以达到要求。但余量较大、数控铣床刚性较差或功率较小时，可分两次进给完成。

　　② 在要求工件表面粗糙度值 Ra 为 $3.2 \sim 12.5\mu m$ 时，可分粗铣和半精铣两步进行，粗铣的背吃刀量与侧吃刀量取同。粗铣后留 $0.5 \sim 1mm$ 的余量，在半精铣时完成。

　　③ 在要求工件表面粗糙度值 Ra 为 $0.8 \sim 3.2\mu m$ 时，可分为粗铣、半精铣和精铣三步进行。半精铣时背吃刀量与侧吃刀量取 $1.5 \sim 2mm$，精铣时，圆周侧吃刀量可取 $0.3 \sim 0.5mm$，端铣背吃刀量取 $0.5 \sim 1mm$。

　　(2) 进给速度 v_f 的选择

进给速度 v_f 与每齿进给量 f_z 有关。

$$v_f = nZf_z$$

式中　n——转速；

　　　Z——齿数。

每齿进给量参考切削用量手册或表 2-1 选取。

表 2-1　每齿进给量

工件材料	每齿进给量/(mm/z)			
	粗铣		精铣	
	高速钢铣刀	硬质合金铣刀	高速钢铣刀	硬质合金铣刀
钢	0.1～0.15	0.10～0.25	0.02～0.05	0.10～0.15
铸铁	0.12～0.20	0.15～0.30		

（3）切削速度

表 2-2 为铣削速度 v_c 的推荐范围。

表 2-2　不同材料铣削速度

工件材料	硬度 HBS	切削速度 v_c/(m/min)	
		高速钢铣刀	硬质合金铣刀
钢	<225	18～42	66～150
	225～325	12～36	54～120
	325～425	6～21	36～75
铸铁	<190	21～36	66～150
	190～260	9～18	45～90
	260～320	4.5～10	21～30

实际编程中，切削速度确定后，还要计算出主轴转速，其计算公式为：

$$n = 1000v_c/(\pi D)$$

式中　v_c——切削线速度，m/min；

　　　n——主轴转速，r/min；

　　　D——刀具直径，mm。

计算的主轴转速最后要参考机床说明书查看机床最高转速是否能满足需要。

二、加工工艺的确定

1. 分析零件图样

图 2-1 所示零件主要是平面的加工，尺寸精度约为自由公差，表面粗糙度为 $Ra3.2\mu m$，没有形位公差项目的要求，整体加工要求不高。

2. 工艺分析

（1）加工方案的确定

根据图样加工要求，上表面的加工方案采用端铣刀粗铣→精铣完成。

（2）确定装夹方案

加工上表面时，可选用平口虎钳装夹，工件上表面高出钳口 10mm 左右。

（3）确定加工工艺

加工工艺见表2-3。

表 2-3　数控加工工序卡片

数控加工工艺卡片			产品名称	零件名称	材　料		零件图号	
					45钢			
工序号	程序号	夹具名称	夹具编号	使用设备			车　间	
		虎钳						
工步号	工 步 内 容		刀具号	主轴转速/(r/min)	进给速度/(mm/min)	背吃刀量/mm	侧吃刀量/mm	备注
1	粗铣上表面		T01	250	300	1.5	80	
2	精铣上表面		T01	400	160	0.5	80	

（4）进给路线的确定

铣削上表面的走刀路线如图2-7所示，台阶面略。

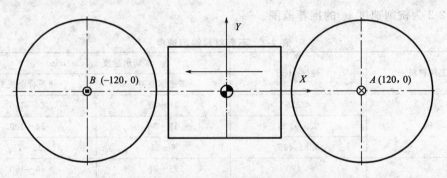

图 2-7　铣削上表面时的刀具进给路线

（5）刀具及切削参数的确定

刀具及切削参数见表2-4。

表 2-4　数控加工刀具卡

数控加工刀具卡片			工序号	程序编号	产品名称	零件名称	材　料	零件图号
							45钢	
序　号	刀具号	刀具名称	刀具规格/mm		补偿值/mm		刀补号		备注
			直径	长度	半径	长度	半径	长度	
1	T01	端铣刀(8齿)	φ125	实测					硬质合金

（6）工具量具选用

加工所需工具量具见表2-5。

表 2-5　工具量具清单

种类	序号	名称	规格	单位	数量
工具	1	平口钳	QH150	个	1
	2	扳手		把	1
	3	平行垫铁		副	1
	4	橡皮锤		个	1

种类	序号	名称	规格	单位	数量
量具	1	游标卡尺	0～150mm	把	1
	2	深度游标卡尺	0～200mm	把	1
	3	百分表及表座	0～10mm	个	1
	4	表面粗糙度样板	N0～N1	个	1

【操作训练】

一、主轴正转

在平面铣削前，先要设置刀具正转。具体有如下三种方法：

(1) 选择"MDI"方式，输入指令"M03 S300"，再按"启动"键。

(2) 选择"JOG"方式，按"主轴正转"键。

(3) 选择"HND"方式，按"主轴正转"键。

注：如机床刚通电，只能先选择"MDI"方式设置主轴正转。

二、工件对刀

面铣刀对刀时，由于刀具直径大于工件宽度，因此可以只对工件 Z 向进行对刀。具体方法同图 1-21。

三、平面加工

在平面铣削时可采用如下几种方式加工：

(1) 选择"MDI"方式，输入指令"G91G01X±120F300；"再按"启动"键。

(2) 选择"JOG"方式，按"±X"键，通过调节进给倍率旋钮控制加工速度。

(3) 选择"HND"方式，按轴向选择旋钮选 X 轴和正负方向，通过选择脉动量×1、×10、×100（分别是 0.001、0.01、0.1mm/格）来确定进给快慢。

【练习与思考】

1. 数控铣床有哪几种方法执行主轴正转？

2. 数控铣床平面铣削的刀具有哪些？

3. 完成图 2-8 所示零件的上表面铣削加工。工件材料 45 钢。

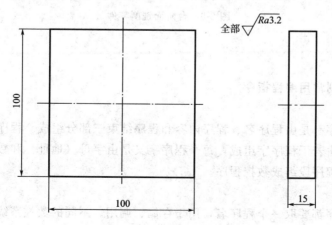

图 2-8 上表平面铣削练习

课题二　台阶面铣削加工

【学习目标与要求】

1. 掌握 N、F、S、T、M 等功能指令。

2. 掌握 G90、G91、G20、G21、G00、G01 指令、格式及其应用。

3. 掌握平面零件的程序编制方法。

4. 熟练制定平面铣削加工工艺方案。

5. 熟练掌握数控铣床基本操作。

6. 完成图 2-9 所示零件的上表面及台阶面加工（其余表面已加工）。毛坯为 100mm×80mm×32mm 长方块，材料为 45 钢。

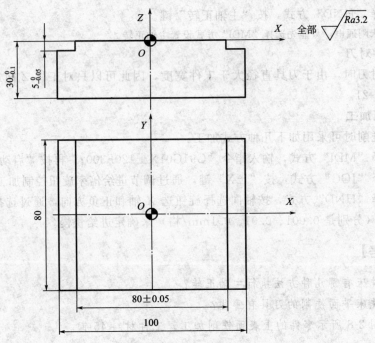

图 2-9　台阶面铣削零件

【知识学习】

一、平面铣削常用编程指令

1. 程序组成

数控机床程序都是由程序名、程序内容和程序结束三部分组成。程序内容由若干程序段组成，程序段由若干程序字组成，每个程序字又是由字母（地址）和数字组成；即程序字组成程序段，程序段组成数控程序。

1）程序名

所有数控程序都要取一个程序名，用于存储、调用。不同的数控系统有不同的取名规则，如法那克系统，以字母"O"开头，后跟四位数字从 O0000～O9999，如：O0030、

O0230、O0456等等。而西门子系统，则由2～8位字母和数字组成，开始两位必须是字母，其后可为字母、数字、下划线，如：MM、MDA123、DL-3-4等等。

注：数控程序有主程序与子程序之分，法那克系统主程序与子程序取名规则相同；西门子系统主程序名用后缀".MPF"，子程序名用后缀".SPF"来区分。

2）程序内容

程序内容由程序段组成，每一程序段完成数控机床某种执行动作，前一程序段动作结束后才开始执行下一程序段内容。

N10 G54 M3 S1000 T01

N20 G0 X0 Y0 Z100

N30 G1 X10 Y10 Z5

在输入程序时，每段程序结束后按【(EOB)】再按键【(INSERT)】进行换行。

3）程序结束

法那克系统和西门子系统都可用指令M02或M30结束程序。

M02程序结束，光标停在程序结束处；M30程序结束，光标自动返回程序开头处。

4）程序段组成

程序段是由程序字组成（一般有七大类功能字），程序字又是由字母（或地址）和数字组成。如：N20 M3 S1000 T01。

程序字是机床数字控制的专用术语。

2. 指令代码

1）常用辅助功能M代码

辅助功能由地址字M和其后的一位或两位数字组成，主要用于控制零件程序的走向以及机床各种辅助功能的开关动作。M功能有非模态和模态功能两种形式。

FANUC数控系统的数控铣床上常用的M功代码见表2-6。

表2-6　辅助功能（M代码）

代码	功能开始时间		功　能	附注
	在程序段指令运动之前执行	在程序段指令运动之后执行		
M00		√	程序停止	非模态
M01		√	程序选择停止	非模态
M02		√	程序结束	非模态
M03	√		主轴顺时针旋转	模态
M04	√		主轴逆时针旋转	模态
M05		√	主轴停止	模态
M07	√		2号冷却液打开	模态
M08	√		1号冷却液打开	模态
M09		√	冷却液关闭	模态
M30		√	程序结束并返回	非模态
M98	√		子程序调用	模态
M99		√	子程序调用返回	模态

（1）程序暂停M00

当CNC执行到M00指令时将暂停执行当前程序，以方便操作者进行刀具和工件的尺寸测量、工件调头、手动变速等操作。暂停时，机床的主轴进给及冷却液停止，而全部现存的模态信息保持不变，要继续执行后续程序只需按操作面板上的循环启动键即可。

（2）选择停止 M01

与 M00 类似，在含有 M01 的程序段执行后，自动运行停止。但需将机床操作面板上的任选停机的开关置为有效。

（3）程序结束 M02

该指令用在主程序的最后一个程序段中。当该指令执行后，机床的主轴进给、冷却液全部停止，加工结束。

使用 M02 的程序结束后，不能自动返回到程序头。若要重新执行该程序就得重新调用该程序。

（4）程序结束并返回到零件程序头 M30

M30 与 M02 功能相似，只是 M30 指令还兼有控制返回到零件程序头的作用。使用 M30 的程序结束后，若要重新执行该程序只需再次按操作面板上的循环启动键即可。

（5）主轴控制指令 M03、M04、M05

M03 指令：主轴以程序中编制的主轴转速顺时针方向（从 Z 轴正向向 Z 轴负向看）旋转。

M04 指令：主轴以程序中编制的主轴转速逆时针方向旋转。

M05 指令：主轴停止旋转，是机床的缺省功能。

M03、M04、M05 可相互注销。

（6）与切削液的开停有关的指令 M07、M08、M09

M07 指令打开 2 号切削液。M08 指令打开 1 号切削液。M09 关闭切削液。M09 为缺省功能。

（7）子程序调用及返回指令 M98、M99

编程时，为了简化程序的编制，当一个工件上有相同的加工内容时，常用调用子程序的方法进行编程。调用子程序的程序叫主程序。子程序的编号与一般程序基本相同，只是程序的结束指令为 M99，表示子程序结束并返回到调用子程序的主程序中继续执行。

① 子程序的格式

O××××

……

M99；

在子程序开头必须规定子程序号，以作为调用入口地址，在子程序的结尾用 M99 以控制执行完该子程序后返回主程序。

② 调用子程序的格式

M98　P～　L～；

P——被调用的子程序号；

L——重复调用次数，最多为 999 次。

注：CNC 允许在一个程序段中最多指定三个 M 代码。但是由于机械操作的限制，某些 M 代码不能同时指定。有关机械操作对一个程序段中指定多个 M 代码的限制见机床的随机说明书。

M00、M01、M02、M30、M98 和 M99 不能与其他 M 代码一起指定。

2）主轴转速功能 S

主轴功能 S 控制主轴转速，其后的数值表示主轴速度，单位为转/每分钟（r/min）。
S 是模态指令，S 功能只有在主轴速度可调节时有效。

3）进给速度 F

F 指令表示工件被加工时刀具相对于工件的合成进给速度。F 的单位取决于 G94 或
G95 指令。

具体如下：

G94 F ；每分钟进给量，尺寸为米制或英制时，单位分别为 mm/min、in/min。

G95 F ；每转进给量，尺寸为米制或英制时，单位分别为 mm/r、in/r。

如 N10 G94 F100；进给速度为 100mm/min

…

N100 S400 M3；主轴正转，转速为 400r/min

N110 G95 F0.5；进给速度为 0.5mm/r

每分钟进给量与每转进给量的关系：

$$V_f = nf$$

式中 V_f——每分钟进给量；

n——主轴转速；

f——每转进给量。

【例】 每转进给量为 0.15mm/r，主轴转速为 1000r/min，则每分钟进给速度

$$V_f = n_f = 0.15mm/r \times 1000r/min = 150mm/min.$$

指令使用说明：

① 数控铣床中常默认 G94 有效。

② G95 指令中只有主轴为旋转轴时才有意义。

③ G94、G95 更换时要求写入一个新的地址 F。

④ G94、G95 均为模态有效指令。

当工作在 G01、G02、G03 方式下时，编程的 F 一直有效直到被新的 F 值所取代，而
工作在 G00、G60 方式下时，快速定位的速度是各轴的最高速度，与所编 F 无关。操作面
板上有进给速度 F 的倍率修调开关，F 可在一定范围内进行倍率修调。

当执行攻丝循环 G84、螺纹切削 G33 时，倍率开关无效，进给倍率固定在 100。

4）刀具功能 T

T 代码用于选刀，其后的数值表示选择的刀具号。T 代码与刀具的关系是由机床制造
厂规定的。T 指令同时调入刀补寄存器中的刀补值（刀具长度和刀具半径）。T 指令为非
模态指令但被调用的刀补值一直有效，直到再次换刀调入新的刀补值。

5）常用准备功能 G 代码

准备功能 G 指令是由 G 后加一或两位数值组成。用于建立机床或控制系统工作方式
的一种指令。

G 功能有非模态和模态之分。非模态 G 功能只在所规定的程序段中有效，程序段结
束时被注销。模态 G 功能是一组可相互注销的 G 功能，这些功能一旦被执行则一直有效
直到被同一组的 G 功能注销为止。

模态 G 功能组中包含一个缺省 G 功能，通电时将被初始化为该功能。没有共同参数
的不同组 G 代码可以放在同一程序段中，而且与顺序无关。例如：G90、G17 可与 G01

放在同一程序段，但 G00、G02、G03 等不能与 G01 放在同一程序段。

（1）绝对编程指令 G90 与增量编程指令 G91

绝对编程：指机床运动部件的坐标尺寸值相对于坐标原点给出。

增量编程：指机床运动部件的坐标尺寸值相对于前一位置给出。

格式：G90/G91　G～　X～　Y～　Z～；

功能：G90——绝对坐标尺寸编程；G91——增量坐标尺寸编程。

说明：

① G90 与 G91 后的尺寸字地址只能用 X、Y、Z。

② G90 与 G91 均为模态指令，可相互注销。其中 G90 为机床开机的默认指令。

③ G90、G91 可用于同一程序段中，但要注意其顺序所造成的差异。

【例】　如图 2-10 所示，使用 G90、G91 编程，要求刀具由原点按顺序移动到 1、2、3 点。

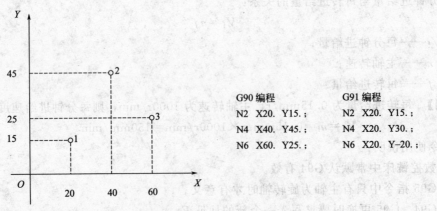

G90 编程
N2　X20. Y15.；
N4　X40. Y45.；
N6　X60. Y25.；

G91 编程
N2　X20. Y15.；
N4　X20. Y30.；
N6　X20. Y−20.；

图 2-10　G90、G91 编程

（2）尺寸单位设定指令

功能：G21——米制尺寸单位设定指令；G20——英制尺寸单位设定指令。

说明：

① G20、G21 必须在设定坐标系之前，并在程序的开头以单独程序段指定。

② 在程序段执行期间，均不能切换米、英制尺寸输入指令。

③ G20、G21 均为模态有效指令。

④ 在米制/英制转换之后，将改变下列值的单位制：

a. 由 F 代码指定的进给速度；

b. 位置指令；

c. 工件零点偏移值；

d. 刀具补偿值；

e. 手摇脉冲发生器的刻度单位；

f. 在增量进给中的移动距离。

（3）快速点定位指令 G00

该指令控制刀具以点位控制的方式快速移动到目标位置，其移动速度由参数来设定。

指令执行开始后，刀具沿着各个坐标方向同时按参数设定的速度移动，最后减速到达终

数控铣床编程与加工

点。如图 2-11（a）所示。注意：在各坐标方向上有可能不是同时到达终点。刀具移动轨迹是几条线段的组合，不是一条直线。在 FANUC 系统中，运动总是先沿 45°角的直线移动，最后再在某一轴单向移动至目标点位置，如图 2-11（b）所示。编程人员应了解所使用的数控系统的刀具移动轨迹情况，以避免加工中可能出现的碰撞。

格式：G00 X～　Y～　Z～；

功能：快速点定位

说明：

① X、Y、Z 为终点坐标；

② G00 为模态指令；

注意：

① 刀具运动轨迹不一定为直线。

② 运动速度由系统参数给定。

③ 用此指令时不切削工件。

【例】　如图 2-11 所示，从 A 点到 B 点快速移动的程序段为：G90 G00 X30 Y50；G00 指令中的快进速度，由机床参数对各轴分别设定，不能用程序规定。快移速度可由机床操作面板上的进给修调旋钮修正。

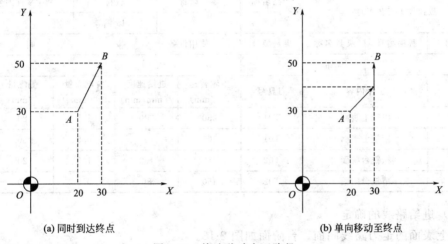

(a) 同时到达终点　　　　　　　　　　　　(b) 单向移动至终点

图 2-11　快速移动走刀路径

（4）直线插补指令 G01

直线插补指令用于产生按指定进给速度 F 实现的空间直线运动。

格式：G01 X～　Y～　Z～　F～；

功能：直线插补

说明：

① X、Y、Z 为直线终点坐标；

② F 为进给速度；

③ G01 为模态指令，如果后续的程序段不改变加工的线型，可以不再书写这个指令；

④ 程序段指令刀具从当前位置以联动的方式，按程序段中 F 指令所规定的合成进给速度沿直线（联动直线轴的合成轨迹为直线）移动到程序段指定的终点，刀具的当前位置是直线的起点，为已知点。

【例】 图 2-11(a) 中从 A 点到 B 点的直线插补运动，其程序段为：

绝对方式编程：G90 G01 X30. Y50. F100;

增量方式编程：G91 G01 X10. Y20. F100;

二、加工工艺的确定

1. 分析零件图样

图 2-9 所示零件包含了平面、台阶面的加工，尺寸精度约为 IT10，表面粗糙度全部为 $Ra3.2\mu m$，没有形位公差项目的要求，整体加工要求不高。

2. 工艺分析

（1）加工方案的确定

根据图样加工要求，上表面的加工方案采用端铣刀粗铣→精铣完成，台阶面用立铣刀粗铣→精铣完成。

（2）确定装夹方案

加工上表面、台阶面时，可选用平口虎钳装夹，工件上表面高出钳口 10mm 左右。

（3）确定加工工艺

加工工艺见表 2-7。

表 2-7　数控加工工序卡片

数控加工工艺卡片			产品名称	零件名称	材料		零件图号
					45 钢		
工序号	程序编号	夹具名称	夹具编号	使用设备		车　间	
		虎钳					
工步号	工步内容		刀具号	主轴转速 /(r/min)	进给速度 /(mm/min)	背吃刀量 /mm	侧吃量 /mm	备注
1	粗铣上表面		T01	250	300	1.5	80	
2	精铣上表面		T01	400	160	0.5	80	
3	粗铣台阶面		T02	350	100	1.5	20	
4	精铣台阶面		T02	450	80	0.5	20	

（4）进给路线的确定

铣上表面的走刀路线同前，台阶面如图 2-12。

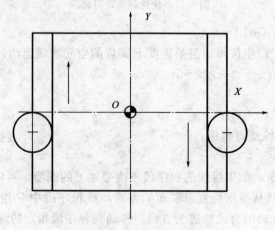

图 2-12　铣削台阶时的刀具进给路线

（5）刀具及切削参数的确定

刀具及切削参数见表 2-8。

表 2-8　数控加工刀具卡

数控加工刀具卡片		工序号	程序编号	产品名称	零件名称	材　料	零件图号
						45 钢	
序　号	刀具号	刀具名称	刀具规格/mm		补偿值/mm		刀补号		备注
			直径	长度	半径	长度	半径	长度	
1	T01	端铣刀	φ125	实测					硬质合金
2	T02	立铣刀	φ20	实测					高速钢

（6）工具量具选用

加工所需工具量具如表 2-9。

表 2-9　工具量具清单

种类	序号	名称	规格	单位	数量
工具	1	平口钳	QH150	个	1
	2	扳手		把	1
	3	平行垫铁		副	1
	4	橡皮锤		个	1
量具	1	游标卡尺	0～150mm	把	1
	2	深度游标卡尺	0～200mm	把	1
	3	外径千分尺	75～100 mm	把	1
	4	百分表及表座	0～10mm	个	1
	5	表面粗糙度样板	N0～N1	个	1

三、参考程序编制

1. 工件坐标系的建立

以图 2-9 所示的上表面中心作为 G54 工件坐标系原点。

2. 基点坐标计算（略）

3. 参考程序

（1）上表面加工

上表面加工使用面铣刀，其参考程序见表 2-10。

表 2-10　上表面加工程序

程　　　序	说　　　明
O4002	程序名
N10 G90 G54 G00 X120 Y0	建立工件坐标系，快速进给至下刀位置
N20 M03 S250	启动主轴，主轴转速 250r/min
N30 Z50 M08	主轴到达安全高度，同时打开冷却液
N40 G00 Z5	接近工件
N50 G01 Z0.5 F100	下到 Z0.5 面
N60 X—120 F300	粗加工上表面

程　序	说　明
N70 Z0 S400	下到 Z0 面,主轴转速 400r/min
N80 X120 F160	精加工上表面
N90 G00 Z50 M09	Z 向抬刀至安全高度,并关闭冷却液
N100 M05	主轴停
N110 M30	程序结束

（2）台阶面加工

台阶面加工使用立铣刀,其参考程序见表 2-11。

表 2-11　台阶面加工程序

程　序	说　明
O4003	程序名
N10 G90 G54 G00 X−50.5	建立工件坐标系,快速进给至下刀位置
N20 M03 S350	启动主轴
N30 Z50 M08	主轴到达安全高度,同时打开冷却液
N40 G00 Z5	接近工件
N50 G01 Z−4.5 F100	下刀,Z−4.5
N60 Y60	粗铣左侧台阶
N70 G00 X50.5	快进至右侧台阶起刀位置
N80 G01 Y−60	粗铣右侧台阶
N90 Z−5 S450	下刀 Z−5
N100 X50	走至右侧台阶起刀位置
N110 Y60 F80	精铣右侧台阶
N120 G00 X−50	快进至左侧台阶起刀位置
N130 G01 Y−60	精铣左侧台阶
N140 G00 Z50 M09	抬刀,并关闭冷却液
N150 M05	主轴停
N160 M30	程序结束

【操作训练】

一、加工准备

（1）阅读零件图,准备工件材料、工量刃具。

（2）开机,复位,机床回机床参考点。

（3）输入并检查程序。

（4）模拟加工程序。

（5）安装夹具,紧固工件。将平口钳安装在工作台上,用百分表校正钳口工件,用垫块垫起,高于钳口 5mm 左右,校平工件上表面并夹紧。

（6）安装刀具。该工件使用了 2 把刀具,注意不同类型的刀具安装到相应的刀柄中。

二、对刀，设定工件坐标系

X、Y 向对刀通过试切法分别对工件 X、Y 向进行对刀操作，得到 X、Y 零偏值输入 G54 中。Z 向对刀，利用试切法测得工件上表面的 Z 数值，输入 G54 中。

三、自动加工

(1) "EDIT" 方式下选择调用待加工程序，调至程序首句。

(2) 选择 "MEM" 方式，调好进给倍率、主轴倍率，检查 "空运行"、"机床锁定" 键应处于关闭状态。

(3) 按下 "循环启动" 按钮进行自动加工。

四、注意事项

(1) 零件加工过程中可通过 "位置"、"程序"、"图形" 等界面观察加工状态。

(2) 粗加工切削时，可采用 "单段加工"，熟练后再采用连续加工。

(3) 加工时应关好机床防护门。

(4) 如有意外事故发生，可按暂停、复位、急停键。

【知识链接】

数控机床程序字除常用的七大类功能字外还有一些表示其他功能的字，一般由一字母及数字组成，法那克系统常见的其他字有：D 表示刀具半径补偿号；H 表示刀具长度补偿号；R 表示圆弧半径；L 表示重复次数等。西门子系统程序字还可包含多个字母，采用多个字母时，数值与字母间用 "＝" 隔开，如 CR＝10；常用的程序字见表 2-12。

表 2-12　常见程序字功能及说明

地址	功 能	说 明
CR	圆弧半径	在 G02、G03 中确定圆弧
D	刀具半径补偿号	一个刀具最多有 9 个补偿号
R	计算参数	用于数值设定、加工循环传递、循环内部计算
F	进给速度或停顿时间	与 G04 结合使用表示停顿时间
P	子程序调用次数	P3 在同一程序段中调用三次子程序
L	子程序名或子程序调用	从 L1 到 L9999999，使用时为一独立程序段
RND	倒圆	在两个轮廓之间以给定的半径值插入过渡圆弧
CHF	倒角	在两个轮廓之间插入给定长度的倒角
RPL	偏转角度	坐标系偏转指令 G258、G259 中指偏转角度
RET	子程序结束	代替 M2 保持路径连续运行
SPOS	主轴定位	主轴在给定位置停止

除准备功能指令分模态有效和程序段有效两种类型外，其他功能指令也分为模态有效和程序段有效两类。模态有效一经出现持续有效直到同组指令取代为止；程序段有效则只在本程序段中有效。如大多数尺寸指令、刀具指令、进给指令、辅助指令等都是模态有效指令。

【练习与思考】

1. 常用数控铣床程序指令有哪几类？各有何功能？

2. G00、G01 指令格式如何？有何区别？

3. 完成图 2-13 所示零件的上表面和台阶面的铣削加工。工件材料 45 钢。

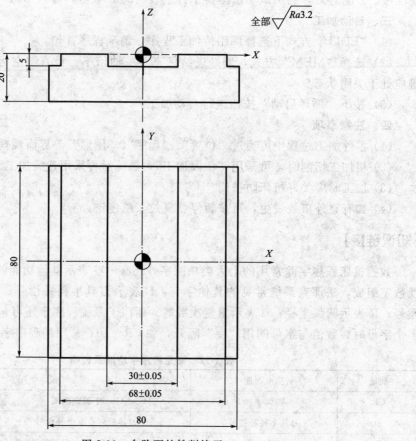

图 2-13 台阶面的铣削练习

项目三　外轮廓加工

课题一　直线外轮廓的加工

【学习目标与要求】

1. 掌握刀具半径补偿指令的格式及应用。
2. 会制定直线外轮廓零件加工工艺方案。
3. 掌握外轮廓加工方法及尺寸控制。
4. 完成如图 3-1 所示凸模板的轮廓铣削加工，毛坯为 80mm×80mm×22mm 长方块，四周及底面已加工。材料为 45 钢。

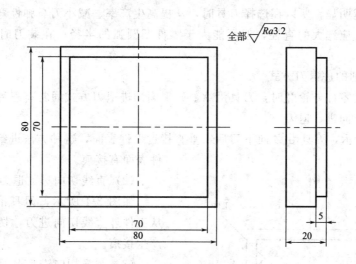

图 3-1　直线外轮廓加工

【知识学习】

一、轮廓铣削加工工艺知识

1. 顺铣与逆铣

在加工中铣削分为逆铣与顺铣，当铣刀的旋转方向和工件的进给方向相同时称为顺铣，相反时称为逆铣，如图 3-2 所示。

逆铣时刀齿开始切削工件时的切削厚度比较小，导致刀具易磨损，并影响已加工表面。顺铣时刀具的耐用度比逆铣时提高 2～3 倍，刀齿的切削路径较短，比逆铣时的平均切削厚度大，而且切削变形较小，但顺铣不宜加工带硬皮的工件。由于工件所受的切削力方向不同，粗加工时逆铣比顺铣要平稳。

对于立式数控铣床所采用的立铣刀，装在主轴上相当于悬臂梁结构，在切削加工时刀具会产生弹性弯曲变形，如图 3-2 所示。当用铣刀顺铣时，刀具在切削时会产生让刀现象，即切削时出现"欠切"，如图 3-2(a) 所示；而用铣刀逆铣时，刀具在切削时会产生啃

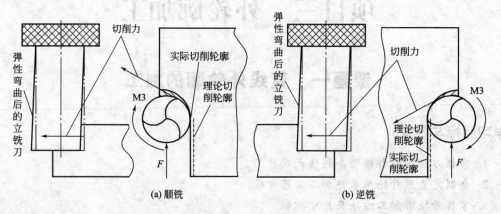

(a) 顺铣　　　　　　　　(b) 逆铣

图 3-2　顺铣与逆铣

刀现象，即切削时出现"过切"现象，如图 3-2（b）所示。这种现象在刀具直径越小、刀杆伸出越长时越明显，所以在选择刀具时，从提高生产率、减小刀具弹性弯曲变形的影响这些方面考虑，应选大的直径，但不能大于零件凹圆弧的半径；在装刀时刀杆尽量伸出短些。

　　2. 轮廓铣削的进退刀方式

　　铣削平面类零件外轮廓时，刀具沿 X、Y 平面的进退刀方式通常有三种。

　　（1）垂直方向进、退刀

　　如图 3-3 所示，刀具沿 Z 向下刀后，垂直接近工件表面，这种方法进给路线短，但工件表面有接痕。

　　（2）直线切向进、退刀

　　如图 3-4 所示，刀具沿 Z 向下刀后，从工件外直线切向进刀，切削工件时不会产生接痕。

　　（3）圆弧切向进、退刀

　　如图 3-5 所示，刀具沿圆弧切向切入、切出工件，工件表面没有接刀痕迹。

　　3. 刀具的选择

　　加工平面外轮廓通常选用立铣刀见图 3-6，刀具半径 r 应小于零件内轮廓面的最小曲率半径 R，一般取 r＝(0.8～0.9)R。

　　4. 刀具半径补偿指令

　　1）刀具半径补偿功能

　　在编制数控铣床轮廓铣削加工程序

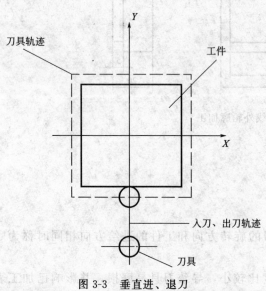

图 3-3　垂直进、退刀

时，为了编程方便，通常将数控刀具假想成一个点（刀位点），认为刀位点与编程轨迹重合。但实际上由于刀具存在一定的直径，使刀具中心轨迹与零件轮廓不重合，如图 3-7 所示。这样，编程时就必须依据刀具半径和零件轮廓计算刀具中心轨迹，再依据刀具中心轨迹完成编程，但如果人工完成这些计算将给手工编程带来很多的不便，甚至当计算量较大时，也容易产生计算错误。为了解决这个加工与编程之间的矛盾，数控系统为我们提供了

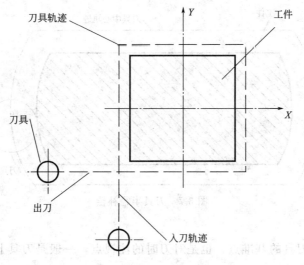

图 3-4　直线切向进、退刀

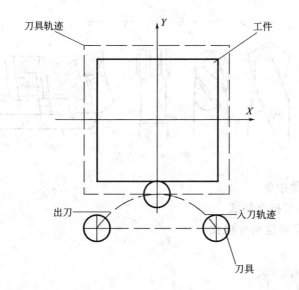

图 3-5　圆弧切向进、退刀

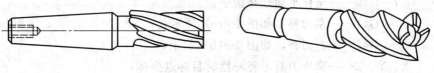

图 3-6　立铣刀

刀具半径补偿功能。

　　数控系统的刀具半径补偿功能就是将计算刀具中心轨迹的过程交由数控系统完成，编程员假设刀具半径为零，直接根据零件的轮廓形状进行编程，而实际的刀具半径则存放在一个刀具半径偏置寄存器中。在加工过程中，数控系统根据零件程序和刀具半径自动计算刀具中心轨迹，完成对零件的加工。

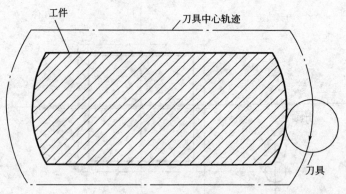

图 3-7　刀具半径补偿

2）刀位点

刀位点是代表刀具的基准点，也是对刀时的注视点，一般是刀具上的一点。常用刀具的刀位点如图 3-8 所示。

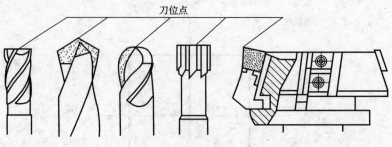

图 3-8　刀位点

3）刀具半径补偿指令

（1）刀具半径补偿指令格式

① 建立刀具半径补偿指令格式

指令格式：

$$\begin{Bmatrix} G17 \\ G18 \\ G19 \end{Bmatrix} \begin{Bmatrix} G41 \\ G42 \end{Bmatrix} \begin{Bmatrix} G00 \\ G01 \end{Bmatrix} \quad X\_\_\ Y\_\_\ Z\_\_\ D\_\_;$$

式中　G17～G19——坐标平面选择指令；

　　　　G41——左刀补，如图 3-9（a）所示；

　　　　G42——右刀补，如图 3-9（b）所示；

　　　X、Y、Z——建立刀具半径补偿时目标点坐标；

　　　　　D——刀具半径补偿号。

② 取消刀具半径补偿指令格式

指令格式：

$$\begin{Bmatrix} G17 \\ G18 \\ G19 \end{Bmatrix} G40 \begin{Bmatrix} G00 \\ G01 \end{Bmatrix} \quad X\_\_\ Y\_\_\ Z\_\_;$$

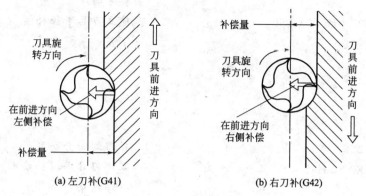

(a) 左刀补(G41)　　　　　　　　　(b) 右刀补(G42)

图 3-9　刀具补偿方向

式中　G17~G19——坐标平面选择指令；

　　　G40——取消刀具半径补偿功能。

（2）刀具半径补偿的过程

如图 3-10 所示刀具半径补偿的过程分为三步：

① 刀补建立：刀心轨迹从与编程轨迹重合过渡到与编程轨迹偏离一个偏置量的过程。

② 刀补进行：刀具中心始终与编程轨迹相距一个偏置量直到刀补取消。

③ 刀补取消：刀具离开工件，刀心轨迹要过渡到与编程轨迹重合的过程。

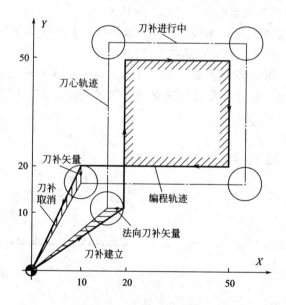

图 3-10　刀具半径补偿过程

【例】　使用刀具半径补偿功能完成如图 3-10 所示轮廓加工的编程。

参考程序如下：

O5001

N10 G90 G54 G00 X0 Y0 M03 S500 F50

N20 G00 Z50. 0　　　　　　　　　　　**安全高度**

项目三　外轮廓加工

```
N30 Z10                          参考高度
N40 G41 X20 Y10 D01 F50          建立刀具半径补偿
N50 G01 Z-10                     下刀
N60 Y50
N70 X50
N80 Y20
N90 X10
N100 G00 Z50                     抬刀到安全高度
N110 G40 X0 Y0 M05               取消刀具半径补偿
N120 M30                         程序结束
```

（3）使用刀具补偿的注意事项

在数控铣床上使用刀具补偿时，必须特别注意其执行过程的原则，否则往往容易引起加工失误甚至报警，使系统停止运行或刀具半径补偿失效等。

① 刀具半径补偿的建立与取消只能用 G01、G00 来实现，不得用 G02 和 G03。

② 建立和取消刀具半径补偿时，刀具必须在所补偿的平面内移动，且移动距离应大于刀具补偿值。

③ D00～D99 为刀具补偿号，D00 意味着取消刀具补偿（即 G41/G42 X __ Y __ D00 等价于 G40）。刀具补偿值在加工或试运行之前须设定在补偿存储器中。

④ 加工半径小于刀具半径的内圆弧时，进行半径补偿将产生刀具干涉，只有过渡圆角 $R \geq$ 刀具半径 $r +$ 精加工余量的情况才能正常切削。

⑤ 在刀具半径补偿模式下，如果存在有连续两段以上非移动指令（如 G90、M03 等）或非指定平面轴的移动指令，则有可能产生过切现象。

【例】 如图 3-11 所示，起始点在（X0，Y0），高度在 50mm 处，使用刀具半径补偿时，由于接近工件及切削工件要有 Z 轴的移动，如果 N40、N50 句连续 Z 轴移动，这时容易出现过切削现象。

```
O5002
N10 G90 G54 G00 X0 Y0 M03 S500
N20 G00 Z50                      安全高度
N30 G41 X20 Y10 D01              建立刀具半径补偿
N40 Z10
N50 G01 Z-10.0 F50               连续两句Z轴移动，此时会产生过切削
N60 Y50
N70 X50
N80 Y20
N90 X10
N100 G00 Z50                     抬刀到安全高度
N110 G40 X0 Y0 M05               取消刀具半径补偿
N120 M30
```

以上程序在运行 N60 时，产生过切现象，如图 3-11 所示。其原因是当从 N30 刀具补偿建立，进入刀具补偿进行状态后，系统只能读入 N40、N50 两段，但由于 Z 轴是非刀

数控铣床编程与加工

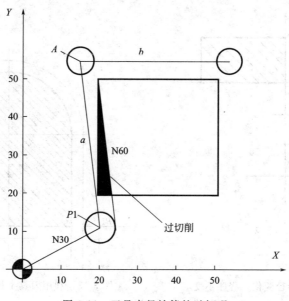

图 3-11　刀具半径补偿的过切现

具补偿平面的轴，而且又读不到 N60 以后程序段，也就做不出偏移矢量，刀具确定不了前进的方向，此时刀具中心未加上刀具补偿而直接移动到了无补偿的 P1 点。当执行完N40、N50 后，再执行 N60 段时，刀具中心从 P1 点移至交点 A，于是发生过切。

为避免过切，可将上面的程序改成下述形式来解决。

O5003

N10 G90 G54 G00 X0 Y0 M03 S500

N20 G00 Z50　　　　　　　　　　　安全高度

N30 Z10

N40 G41 X20 Y10 D01　　　　　　　建立刀具半径补偿

N50 G01 Z-10.0 F50　　　　　　　　连续两句Z轴移动，此时会产生过切削

N60 Y50

…

（4）刀具半径补偿的应用

刀具半径补偿除方便编程外，还可利用改变刀具半径补偿值的大小的方法，实现利用同一程序进行粗、精加工。即：

粗加工刀具半径补偿＝刀具半径＋精加工余量

精加工刀具半径补偿＝刀具半径＋修正量

① 因磨损、重磨或换新刀而引起刀具半径改变后，不必修改程序，只需在刀具参数设置中输入变化后的刀具半径。如图 3-12 所示，1 为未磨损刀具，2 为磨损后刀具，只需将刀具参数表中的刀具半径 r_1 改为 r_2，即可适用同一程序。

② 同一程序中，同一尺寸的刀具，利用半径补偿，可进行粗、精加工。如图3-13，刀具半径为 r，精加工余量为 Δ。粗加工时，输入刀具半径 $D＝r＋\Delta$，则加工出点划线轮廓；精加工时，用同一程序，同一刀具，但输入刀具半径 $D＝r$，加工出实线轮廓。

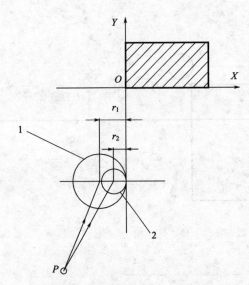

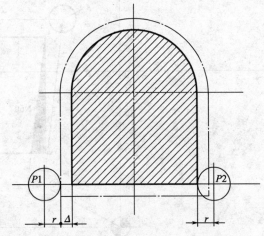

图 3-12　刀具半径变化，程序不变　　　　图 3-13　利用刀具半径补偿进行粗精加工

二、加工工艺的确定

1. 分析零件图样

图 3-1 所示零件包含了平面、外轮廓的加工，尺寸精度约为 IT10，表面粗糙度全部为 $Ra3.2\mu m$，没有形位公差项目的要求，整体加工要求不高。

2. 工艺分析

（1）加工方案的确定

根据图样加工要求，上表面的加工方案采用端铣刀粗铣→精铣完成，外轮廓用立铣刀粗铣→精铣完成。

（2）确定装夹方案

该零件六个面已进行过预加工，较平整，所以用平口虎钳装夹即可。将平口钳装夹在铣床工作台上，用百分表校正。工件装夹在平口钳上，底部用等高垫块垫起，并伸出钳口 5～10mm。

（3）确定加工工艺

加工工艺见表 3-1。

表 3-1　数控加工工序卡片

数控加工工艺卡片		产品名称	零件名称	材料	零件图号
				45 钢	
工序号	程序编号	夹具名称	夹具编号	使用设备	车　间
		虎钳			
工步号	工步内容	刀具号	主轴转速 /(r/min)	进给速度 /(mm/min)	背吃刀量/mm	侧吃刀量/mm	备注
1	粗铣上表面	T01	250	300	1.5	80	
2	精铣上表面	T01	400	160	0.5	80	
3	粗铣外轮廓	T02	350	100	4.5	10	
4	精铣外轮廓	T02	450	80	0.5	10	

（4）进给路线的确定

铣上表面的走刀路线同前，外轮廓如图3-4所示。

（5）刀具及切削参数的确定

刀具及切削参数见表3-2。

表3-2　数控加工刀具卡

数控加工刀具卡片		工序号	程序编号		产品名称	零件名称	材　料		零件图号
							45钢		
序号	刀具号	刀具名称	刀具规格/mm		粗加工刀补		精加工刀补		备注
			直径	长度	半径	长度	半径	长度	
1	T01	端铣刀	ϕ90	实测					硬质合金
2	T02	立铣刀	ϕ16	实测	8.3		实测		高速钢

（6）工具量具选用

加工所需工具量具见表3-3。

表3-3　工具量具清单

种类	序号	名称	规格	单位	数量
工具	1	平口钳	QH150	个	1
	2	扳手		把	1
	3	平行垫铁		副	1
	4	橡皮锤		个	1
量具	1	游标卡尺	0～150mm	把	1
	2	深度游标卡尺	0～200mm	把	1
	3	外径千分尺	50～75mm	把	1
	4	百分表及表座	0～10mm	个	1
	5	表面粗糙度样板	N0～N1	个	1

三、参考程序编制

工件编程原点选在工件上表面的对称中心处，即与设计基准重合。参考程序如表3-4所示。

表3-4　参考程序

O0010；	程序名
N10 G17 G21 G40 G54 G90；	设置初始状态
N20 G00 Z100.0；	安全高度
N30 M03 S500；	启动主轴，精加工时设为600r/min
N40 X－35.0 Y－60.0	快速移动至下刀点上方
N50 Z10.0	
N60 G01 Z－5.0 F70 M08；	下刀，冷却液开
N70 G41 X－35.0 Y－50.0 D01；	建立刀具半径补偿

N80 Y35 F150;	直线加工到 Y35 点
N90 X35;	直线加工到 X35 点
N100 Y−35;	直线加工到 Y−35 点
N110 X−50;	直线加工到 X−50 点
N130 G40 G00 X−60.0;	取消刀具半径补偿
N140 G00 Z100.0;	抬刀
N150 M30;	程序结束

【操作训练】

一、加工准备

(1) 阅读零件图，准备工件材料、工量刃具。

(2) 开机，复位，机床回零。

(3) 输入并检查程序。

(4) 模拟加工程序。

(5) 安装夹具，紧固工件。将平口钳安装在工作台上，百分表校正钳口，工件用垫块垫起，高于钳口 5mm 左右，校平工件上表面并夹紧。

(6) 安装刀具。该工件使用了 2 把刀具，注意不同类型的刀具安装到相应的刀柄中。

二、对刀，设定工件坐标系及刀具补偿

X、Y 向对刀通过试切法分别对工件 X、Y 向进行对刀操作，得到 X、Y 零偏值输入 G54 中。Z 向对刀利用试切法测得工件上表面的 Z 数值，输入 G54 中。刀具半径补偿应分别在粗、精加工时设置到相应的刀补形状及磨耗中。

三、自动加工

(1) "EDIT" 方式下选择调用待加工程序，调至程序首句。

(2) 选择 "MEM" 方式，调好进给倍率、主轴倍率，检查 "空运行"、"机床锁定" 键应处于关闭状态。

(3) 按下 "循环启动" 按钮进行自动加工。

四、注意事项

(1) 由于工件没有重新装卸，因此在精加工换刀后只需要对刀具进行 Z 轴对刀即可。

(2) 粗加工切削时，仍可采用 "单段加工"，精加工再采用连续加工。

(3) 实际操作加工可先将进给倍率修调为 0%，再慢慢调大，避免撞刀。

(4) 加工前如使用机床锁定功能（没有重新 "回零"），应在加工前再进行 "回零" 操作。

【知识链接】

轮廓加工中应避免进给停顿，否则会在轮廓表面留下刀痕；若在被加工表面范围内垂

直下刀和抬刀，也会划伤表面。

为提高工件表面的精度和减小粗糙度，可以采用多次走刀的方法，精加工余量一般以 0.2～0.5mm 为宜。

选择工件在加工后变形小的走刀路线。对横截面积小的细长零件或薄板零件，应采用多次走刀加工达到最后尺寸；或采用对称去余量法安排走刀路线。

【练习与思考】

1. 数控铣床刀具半径补偿的作用有哪些？

2. 数控铣床刀具半径补偿的指令有哪些，格式如何书写？

3. 以直径为 $\phi 16$ 立铣刀为例，粗、精加工刀具半径补偿分别如何设置。

4. 完成图 3-14 所示零件的上表面及外轮廓的铣削加工。工件材料 45 钢。

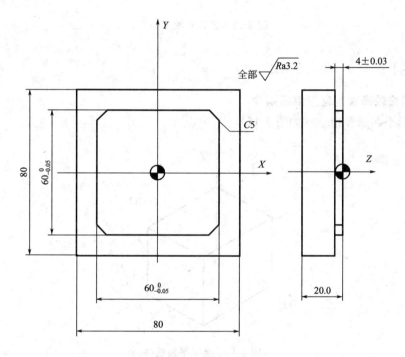

图 3-14　直线外轮廓加工练习

课题二　圆弧外轮廓的加工

【学习目标与要求】

1. 熟练装夹工件、刀具。

2. 掌握圆弧指令的格式及应用。

3. 会制定圆弧外轮廓加工工艺方案。

4. 完成如图 3-15 所示零件的加工。毛坯为 80mm×80mm×22mm 长方块，材料为 45 钢。

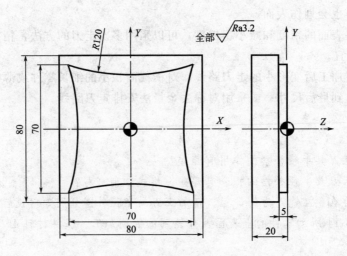

图 3-15　圆弧外轮廓加工

【知识学习】

一、圆弧轮廓铣削常用编程指令

1. 坐标平面选择指令（如图 3-16）

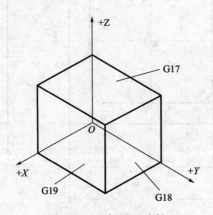

图 3-16　坐标平面选择

G17——代表 XY 平面（立式数控铣床默认的平面）

G18——代表 ZX 平面（卧式数控车床默认的平面）

G19——代表 YZ 平面

2. 圆弧插补指令 G02/G03

（1）终点半径方式

格式：

$$\begin{Bmatrix} G17 \\ G18 \\ G19 \end{Bmatrix} \begin{Bmatrix} G02 \\ \\ G03 \end{Bmatrix} \begin{Bmatrix} X\_\_Y\_\_ \\ X\_\_Z\_\_ \\ Y\_\_Z\_\_ \end{Bmatrix} R\_\_F\_\_ ;$$

说明：

① G02 为顺时针圆弧插补指令，G03 为逆时针圆弧插补指令。圆弧顺、逆方向的判

别方法为：向垂直于运动平面图的坐标轴的负方向看，圆弧的起点到终点的走向为顺时针用G02，反之用G03。如图3-17所示。

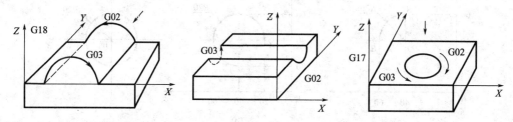

图3-17　圆弧的方向判别

② X、Y、Z为圆弧终点坐标。

③ 圆弧半径，当圆弧圆心角小于180°时R为正值，否则R为负值。当R等于180时，R可取正也可取负。

④ 当圆心角＝360°时，不能用R编程一次性走出。可以分段走出整个圆弧。

（2）终点圆心方式

格式：

$$\begin{Bmatrix} G17 \\ G18 \\ G19 \end{Bmatrix} \begin{Bmatrix} G02 \\ G03 \end{Bmatrix} \begin{Bmatrix} X\_\_Y\_\_ \\ X\_\_Z\_\_ \\ Y\_\_Z\_\_ \end{Bmatrix} \begin{Bmatrix} I\_\_J\_\_ \\ I\_\_K\_\_ \quad F\_\_ \\ J\_\_K\_\_ \end{Bmatrix};$$

说明：

① X、Y、Z为圆弧终点坐标。

② 圆心相对于圆弧起点的偏移值（等于圆心的坐标减去圆弧起点的坐标，如图3-18所示），在G90/G91时都是以增量方式指定。

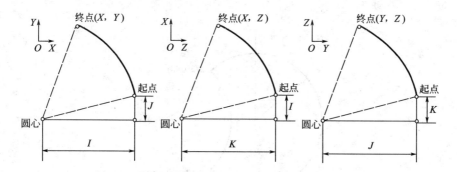

图3-18　圆心相对圆弧起点偏移

③ 若I、J、K为零，则可省略；

④ 若R与I、J、K同时出现，则R优先。

【例】　写出图3-19中圆弧插补程序段。

图（a）中A→B：G17 G90 G02 X60.Y40.R20.F80；或G17 G90 G02 X60.Y40.I0 J－20.F80；（I0可省略）或G17 G91 G02 X20.Y－20.R20.F80；或G17 G91 G02 X20.Y－20.I0 J－20.F80；（I0可省略）

B→A：G17 G90 G03 X40.Y60.R20.F80；或G17 G90 G03 X40.Y60.I－20.J0 F80；

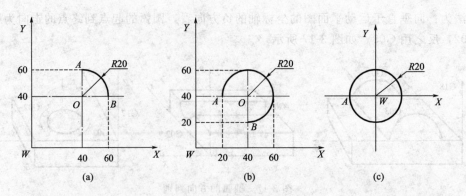

图 3-19 圆弧插补指令

（J0 可省略）或 G17 G91 G03 X−20. Y20. R20. F80；或 G17 G91 G03 X−20. Y20. I−20
J0 F80；（J0 可省略）

　　图（b）中 A→B：G17 G90 G02 X40. Y20. R−20. F80；或 G17 G90 G02
X40. Y20. I20. J0 F80；（J0 可省略）或 G17 G91 G02 X20. Y−20. R−20. F80；或 G17
G91 G02 X20. Y−20. I20. J0 F80；（J0 可省略）

　　B→A：G17 G90 G03 X20. Y40. R−20. F80；或 G17 G90 G03 X20. Y40. I0 J20. F80；
（I0 可省略）或 G17 G91 G03 X−20. Y20. R−20. F80；或 G17 G91 G03 X−20. Y20. I0
J20. F80；（I0 可省略）

　　图（c）中以 A 为起点顺时针回到 A 点加工整圆：G17 G90 G02（X−20. Y0）I20. J0
F80 或 G17 G91 G02（X0 Y0）I20. J0 F80。以 A 为起点逆时针回到 A 点加工整圆：G17
G90 G03（X−20. Y0）I20. J0 F80 或 G17 G91 G03（X0 Y0）I20. J0 F80。

　　【例】　如图 3-20 所示，使用圆弧插补指令编写 A 点到 B 点程序。

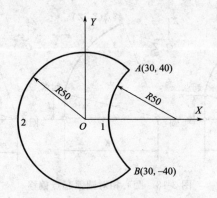

图 3-20　R 值的正负判别

　　圆弧 1：G17 G90 G03 X30 Y−40 R50 F60；

　　圆弧 2：G17 G90 G03 X30 Y−40 R−50 F60。

二、加工工艺的确定

1. 分析零件图样

　　图 3-15 所示零件包含了平面、圆弧外轮廓的加工，尺寸为自由公差，表面粗糙度全
部为 $Ra3.2\mu m$，没有形位公差项目的要求，整体加工要求一般。

2. 工艺分析

（1）加工方案的确定

根据图样加工要求，上表面的加工方案采用端铣刀粗铣→精铣完成，外轮廓用立铣刀粗铣→精铣完成。

（2）确定装夹方案

该零件五个面已进行过预加工，较平整，所以用平口虎钳装夹即可。将平口钳装夹在铣床工作台上，用百分表校正。工件装夹在平口钳上，底部用等高垫块垫起，并伸出钳口5～10mm。

（3）确定加工工艺

加工工艺见表3-5。

表 3-5 数控加工工序卡片

数控加工工艺卡片			产品名称	零件名称	材料	零件图号
					45 钢	
工序号	程序编号	夹具名称	夹具编号	使用设备	车 间	
		虎钳				
工步号	工步内容	刀具号	主轴转速 /(r/min)	进给速度 /(mm/min)	背吃刀量 /mm	侧吃刀量 /mm	备注
1	粗铣上表面	T01	250	300	1.5	80	
2	精铣上表面	T01	400	160	0.5	80	
3	粗铣外轮廓	T02	350	100	4.5		
4	精铣外轮廓	T02	450	80	0.5		

（4）进给路线的确定

铣上表面的走刀路线同前，外轮廓如图3-21。

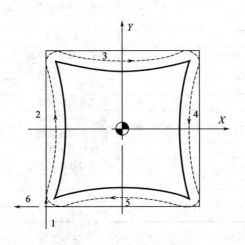

图 3-21 刀具进给路线

（5）刀具及切削参数的确定

刀具及切削参数见表3-6。

表 3-6　数控加工刀具卡

数控加工刀具卡片	工序号		程序编号	产品名称		零件名称	材　料	零件图号
							45 钢	
序号	刀具号	刀具名称	刀具规格/mm		粗加工刀补		精加工刀补		备注
			直径	长度	半径	长度	半径	长度	
1	T01	端铣刀	φ125	实测					硬质合金
2	T02	立铣刀	φ16	实测	8.3		实测		高速钢

（6）工具量具选用

加工所需工具量具如表 3-7。

表 3-7　工具量具清单

种类	序号	名称	规格	单位	数量
工具	1	平口钳	QH150	个	1
	2	扳手		把	1
	3	平行垫铁		副	1
	4	橡皮锤		个	1
量具	1	游标卡尺	0～150mm	把	1
	2	深度游标卡尺	0～200mm	把	1
	3	半径规	R120	把	1
	4	表面粗糙度样板	N0～N1	个	1

三、参考程序编制

工件编程原点选在工件上表面的对称中心处，即与设计基准重合。参考程序见表 3-8。

表 3-8　参考程序

O0040；	程序名
N10 G17 G21 G40 G54 G90；	设置初始状态
N20 G00 Z100.0；	安全高度
N30 M03 S500；	启动主轴
N40 X－35.0 Y－60.0	快速移动至下刀点上方
N50 Z10.0	
N60 G01 Z－5.0 F70 M08；	下刀,冷却液开
N70 G00 G41 X－35.0 Y－50.0 D01；	建立刀具半径补偿
N80 G01 Y－35 F150；	直线加工到圆弧起点
N90 G03 Y35R120；	加工第一段圆弧
N100 G03 X35 R120；	加工第二段圆弧
N110 G03Y－35R120；	加工第三段圆弧
N120 G03 X－35R120；	加工第四段圆弧
N130 G01 X－40；	直线切出工件
N140 G40 G01 X－50；	取消刀具半径补偿
N150 Z10；	
N160 G00 Z100；	抬刀
N170 M30；	程序结束

【操作训练】

一、加工准备

（1）阅读零件图，准备工件材料、工量刃具。

（2）开机，复位，机床回零。

（3）输入并检查程序。

（4）模拟加工程序。

（5）安装夹具，紧固工件。将平口钳安装在工作台上，百分表校正钳口，工件用垫块垫起，高于钳口 5mm 左右，校平工件上表面并夹紧。

（6）安装刀具。该工件使用了 2 把刀具，注意不同类型的刀具安装到相应的刀柄中。

二、对刀，设定工件坐标系及刀具补偿

X、Y 向对刀通过试切法分别对工件 X、Y 向进行对刀操作，得到 X、Y 零偏值输入 G54 中。Z 向对刀利用试切法测得工件上表面的 Z 数值，输入 G54 中。刀具半径补偿应分别在粗、精加工时设置到相应的刀补形状及磨耗中。

三、自动加工

（1）"EDIT" 方式下选择调用待加工程序，调至程序首句。

（2）选择 "MEM" 方式，调好进给倍率、主轴倍率，检查 "空运行"、"机床锁定" 键应处于关闭状态。

（3）按下 "循环启动" 按钮进行自动加工。

四、注意事项

（1）由于工件没有重新装卸，因此在精加工换刀后只需要对刀具进行 Z 轴对刀即可。

（2）尽量避免切削过程中途停顿，减少因切削力突然变化造成弹性变形而留下的刀痕。

（3）工件加工完成后需要进行尺寸检测，如果尺寸不符合要求可通过修改刀具半径补偿。

【练习与思考】

1. 圆弧切削指令有哪两种格式？

2. 用半径法书写圆弧指令能不能描述整圆，为什么？

3. 完成图 3-22 所示零件的上表面及外轮廓的铣削加工。

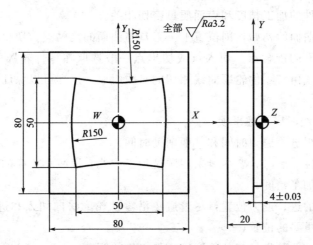

图 3-22　圆弧外轮廓加工练习

课题三 外轮廓综合加工

【学习目标与要求】

1. 掌握倒角、圆弧指令的编写方法。
2. 掌握外轮廓切向切入、切出方式。
3. 会制定外轮廓综合零件加工工艺方案。
4. 完成如图 3-23 所示零件的加工。毛坯为 80mm×80mm×22mm 长方块，材料为 45 钢。

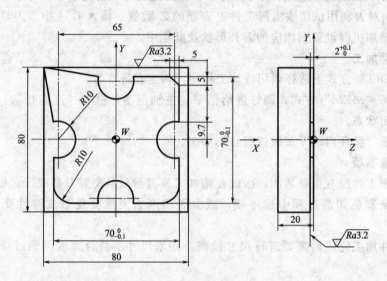

图 3-23 外轮廓综合加工

【知识学习】

一、走刀路线的确定原则

走刀路线是数控加工过程中刀具相对于工件的运动轨迹和方向。走刀路线的确定非常重要，因为它与零件的加工精度和表面质量密切相关。

切入点是指在曲面的初始切削位置上，刀具与曲面的接触点。切出点是指在曲面切削完毕后，刀具与曲面的接触点。切入点或切出点一般选取在零件轮廓两几何元素的交点处。引入线、引出线由与零件轮廓曲线相切的直线组成，这样可以保证零件轮廓曲线的加工形状平滑。

1. 确定加工路线时应考虑事项

（1）应尽量减少进、退刀时间和其他辅助时间；

（2）在铣削零件轮廓时，要尽量采用顺铣加工方式，以减小机床的颤振，降低零件的表面粗糙度，提高加工精度；

（3）选择合理的进、退刀位置，尽量避免沿零件轮廓法向切入和进给中途停顿，进、退刀位置应选在不重要的位置；

（4）加工路线一般是先加工外轮廓，再加工内轮廓。

2. 铣削外轮廓的进给路线方法

（1）铣削平面零件外轮廓时，一般采用立铣刀侧刃切削。刀具切入工件时，应避免沿零件外轮廓的法向切入，而应沿切削起始点的延伸线逐渐切入工件，保证零件曲线的平滑过渡。同理，在切离工件时，也应避免在切削终点处直接抬刀，要沿着切削终点延伸线逐渐切离工件，如图 3-24 所示。

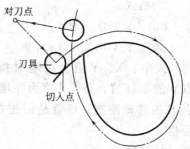

图 3-24 切线切入、切线切出

（2）当用圆弧插补方式铣削外整圆时（图 3-25），要安排刀具从切向进入圆周铣削加工，当整圆加工完毕后，不要在切点处直接退刀，而应让刀具沿切线方向多运动一段距离，以免取消刀补时，刀具与工件表面相碰，造成工件报废。

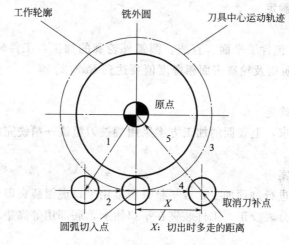

图 3-25 直线切入、切出圆弧

二、倒角和倒圆角指令，G01，C/R

1. 功能

在零件轮廓拐角处如倒角或倒圆，可以插入倒角或倒圆指令，C 或者 R 与加工拐角的轴运动指令一起写入到程序段中。直线轮廓之间、圆弧轮廓之间，以及直线轮廓和圆弧轮廓之间都可以用倒角或倒圆指令进行倒角或倒圆。如图 3-26 所示。

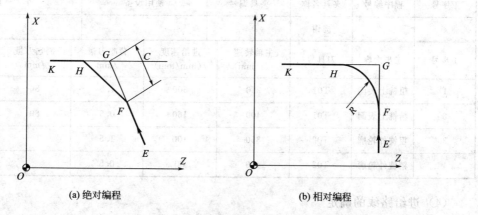

(a) 绝对编程　　　　　　(b) 相对编程

图 3-26 倒角指令示意图

2. 格式

G01　X（U）　Y（V），C＿＿（直线倒角）

G01　X（U）　Y（V），R＿＿（圆弧倒角）

式中：X、Y值为在绝对指令时，是两相邻直线的交点，即假想拐角交点（G点）的坐标值；U、Y值为在增量指令时，是假想拐角交点相对于起始直线轨迹的始点 E 的移动距离。C值是假想拐角交点相对于倒角始点的距离；R值是倒圆弧的半径值。

3. 说明

无论是倒角还是倒圆都是对称进行的，如果其中一个程序段轮廓长度不够，则在倒圆或倒角时会自动削减编程值，如果几个连续编程的程序段中有不含坐轴移动指令的程序段，则不可以进行倒角/倒圆。

三、加工工艺的确定

1. 分析零件图样

图 3-23 所示零件包含了平面、直线、圆弧外轮廓的加工，工件轮廓图形较复杂，尺寸精度约为 IT9，台阶面及轮廓表面粗糙度值要达到 $Ra3.2$。

2. 工艺分析

（1）加工方案的确定

根据图样加工要求，上表面的加工方案采用端铣刀粗铣→精铣完成，外轮廓用立铣刀粗铣→精铣完成。

（2）确定装夹方案

该零件六个面已进行过预加工，较平整，所以用平口虎钳装夹即可。将平口钳装夹在铣床工作台上，用百分表校正。工件装夹在平口钳上，底部用等高垫块垫起，并伸出钳口 5～10mm。

（3）确定加工工艺

加工工艺见表 3-9。

表 3-9　数控加工工序卡片

数控加工工艺卡片			产品名称	零件	材料	零件图号
					45 钢	
工序号	程序编号	夹具名称	夹具编号	使用设备		车　间
		虎钳				
工步号	工步内容	刀具号	主轴转速 /(r/min)	进给速度 /(mm/min)	背吃刀量 /mm	侧吃刀量 /mm	备注
1	粗铣上表面	T01	250	300	1.5	80	
2	精铣上表面	T01	400	160	0.5	80	
3	粗铣外轮廓	T02	350	100	1.5		
4	精铣外轮廓	T02	450	80	0.5		

（4）进给路线的确定

铣上表面的走刀路线同前，外轮廓铣削路线如图 3-27 所示：刀具由 1 点运行至 2 点

（轨迹的延长线上）建立刀具半径补偿，然后按 3、4、…、17 的顺序铣削加工。由 17 点到 18 点的四分之一圆弧切向切出，最后通过直线移动取消刀具半径补偿。

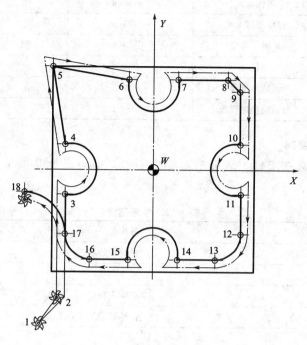

图 3-27　外轮廓铣削路线

（5）刀具及切削参数的确定

刀具及切削参数见表 3-10。

（6）工具量具选用

加工所需工具量具见表 3-11。

表 3-10　数控加工刀具卡

数控加工刀具卡片	工序号	程序编号	产品名称	零件名称	材　料	零件图号
					45 钢	
序号	刀具号	刀具名称	刀具规格/mm		粗加工刀补		精加工刀补		备注
			直径	长度	半径	长度	半径	长度	
1	T01	端铣刀	φ90	实测					硬质合金
2	T02	立铣刀	φ16	实测	8.3		实测		高速钢

表 3-11　工具量具清单

种类	序号	名称	规格	单位	数量
工具	1	平口钳	QH150	个	1
	2	扳手		把	1
	3	平行垫铁		副	1
	4	橡皮锤		个	1

种类	序号	名称	规格	单位	数量
量具	1	游标卡尺	0～150mm	把	1
	2	深度游标卡尺	0～200mm	把	1
	3	外测千分尺	50～75mm	把	1
	4	半径规	R10	个	1
	5	万能角度尺	0°～360°	把	1
	6	表面粗糙度样板	N0～N1	个	1

四、参考程序编制

工件编程原点选在工件上表面的对称中心处，即与设计基准重合。参考程序见表3-12。

表3-12　参考程序

O0040；	程序名
N10 G17 G21 G40 G54 G90；	设置初始状态
N20 G00 Z100.0；	安全高度
N30 M03 S500；	启动主轴
N40 X-45.0 Y-60.0；	快速移动至1点上方
N50 Z10.0	
N60 G01 Z-2.0 F70 M08；	下刀，液却液开
N70 G00 G41 X-35.0 Y-50.0 D01；	
N80 G01 Y-9.7 F150；	直线加工到3点
N90 G03 Y9.7 R-10.0；	圆弧加工到4点
N100 G01 X-40.0 Y40.0；	直线加工到5点
N110 X-9.7 Y35.0；	直线加工到6点
N120 G03 X9.7 R-10.0；	圆弧加工到7点
N130 G01 X30.0；	直线加工到8点
N140 X35.0 Y30.0；	直线加工到9点
N150 Y9.7；	直线加工到10点
N160 G03 Y-9.7 R-10.0；	圆弧加工到11点
N170 G01 Y-25.0；	直线加工到12点
N180 G02 X25.0 Y-35.0 R10.0；	圆弧加工到13点
N190 G01 X9.7；	直线加工到14点
N200 G03 X-9.7 R-10.0；	圆弧加工到15点
N210 G01 X-25.0；	直线加工到16点
N220 G02 X-35.0 Y-25.0 R10.0；	圆弧加工到17点
N230 G03 X-45.0 Y-15.0 R10.0；	圆弧切出到18点
N240 G40 G00 X-60.0 Y-45.0；	取消刀具半径补偿
N250 G00 Z100.0；	抬刀
N260 M30；	程序结束

【操作训练】

一、加工准备

（1）阅读零件图，准备工件材料、工量刃具。

（2）开机，复位，机床回零。

（3）输入并检查程序。

（4）模拟加工程序。

（5）安装夹具，紧固工件。将平口钳安装在工作台上，百分表校正钳口，工件用垫块垫起，高于钳口 5mm 左右，校平工件上表面并夹紧。

（6）安装刀具。该工件使用了 2 把刀具，注意不同类型的刀具安装到相应的刀柄中。

二、对刀，设定工件坐标系及刀具补偿

X、Y 向对刀：通过试切法分别对工件 X、Y 向进行对刀操作，得到 X、Y 零偏值输入 G54 中。Z 向对刀：利用试切法测得工件上表面的 Z 数值，输入 G54 中。刀具半径补偿应分别在粗、精加工时设置到相应的刀补形状及磨耗中。

三、自动加工

（1）"EDIT"方式下选择调用待加工程序，调至程序首句。

（2）选择"MEM"方式，调好进给倍率、主轴倍率，检查"空运行"、"机床锁定"键应处于关闭状态。

（3）按下"循环启动"按钮进行自动加工。

四、注意事项

（1）铣刀半径必须小于或等于工件内轮廓凹圆弧最小半径，否则无法加工出内轮廓圆弧。

（2）平面外轮廓粗加工通常采用由外向内接近工件轮廓的方式进行，工件的残料可通过改变刀补、手动或编程等方法去除。

（3）加工前应仔细检查刀具半径补偿有没有设置，否则刀具将不按半径补偿加工。

【知识链接】

确定加工路线时应考虑以下几点：

（1）应尽量减少进、退刀时间和其他辅助时间；

（2）在铣削零件轮廓时，要尽量采用顺铣加工方式，以减小机床的颤振，降低零件的表面粗糙度，提高加工精度；

（3）选择合理的进、退刀位置，尽量避免沿零件轮廓法向切入和进给中途停顿。进、退刀位置应选在不重要的位置；

（4）加工路线一般是先加工外轮廓，再加工内轮廓。

【练习与思考】

1. 外轮廓切入、切出时应考虑哪些因素？

2. G01 指令进行倒角、圆弧格式及含义如何？

3. 编写如图 3-28 所示零件的加工程序并加工。材料 45 钢。

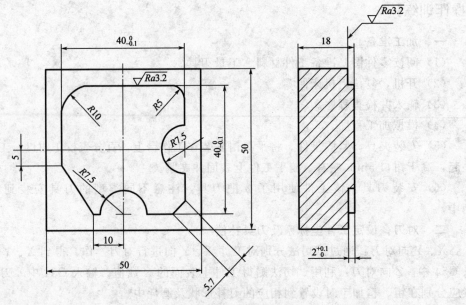

图 3-28 外轮廓综合加工练习

项目四　孔系加工

课题一　钻、铰、扩孔加工

【学习目标与要求】

1. 了解孔的类型及加工方法。

2. 了解钻、铰、扩孔加工刀具的类型及工艺参数。

3. 掌握钻、铰、扩孔加工循环指令及程序编写。

4. 会制定钻、铰、扩孔加工的工艺方案。

5. 完成端盖零件如图4-1所示，底平面、两侧面和$\phi 40H8$型腔已在前面工序加工完成。本工序加工端盖的4个沉头螺钉孔和2个销孔，材料为45钢。

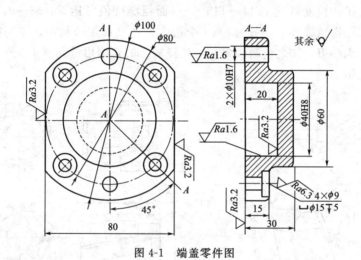

图 4-1　端盖零件图

【知识学习】

一、孔加工的工艺知识

1. 孔加工的方法

孔加工在金属切削中占有很大的比重，应用广泛。在数控铣床上加工孔的方法很多，根据孔的尺寸精度、位置精度及表面粗糙度等要求，一般有点孔、钻孔、扩孔、锪孔、铰孔、镗孔及铣孔等方法。

2. 孔加工的刀具

（1）钻孔刀具及其选择

钻孔刀具较多，有普通麻花钻、可转位浅孔钻、喷吸钻及扁钻等。应根据工件材料、加工尺寸及加工质量要求等合理选用。

在数控镗铣床上钻孔，普通麻花钻应用最广泛，尤其是加工$\phi 30mm$以下的孔时，以麻花钻为主，如图4-2所示。

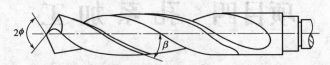

图 4-2　普通麻花钻

在数控镗铣床上钻孔，因无钻模导向，受两种切削刃上切削力不对称的影响，容易引起钻孔偏斜。为保证孔的位置精度，在钻孔前最好先用中心钻钻一中心孔，或用一刚性较好的短钻头钻一窝。

中心钻主要用于孔的定位，由于切削部分的直径较小，所以中心钻钻孔时，应选取较高的转速。

对深径比大于 5 而小于 100 的深孔由于加工中散热差，排屑困难，钻杆刚性差，易使刀具损坏和引起孔的轴线偏斜，影响加工精度和生产率，故应选用深孔刀具加工。

（2）扩孔刀具及其选择

扩孔多采用扩孔钻，也有用立铣刀或镗刀扩孔。扩孔钻可用来扩大孔径，提高孔加工精度。用扩孔钻扩孔精度可达 IT11～IT10，表面粗糙度值可达 $Ra6.3～3.2\mu m$。扩孔钻与麻花钻相似，但齿数较多，一般为 3～4 个齿。扩孔钻加工余量小，主切削刃较短，无需延伸到中心，无横刃，加之齿数较多，可选择较大的切削用量。图 4-3 所示为整体式扩孔钻和套式扩孔钻。

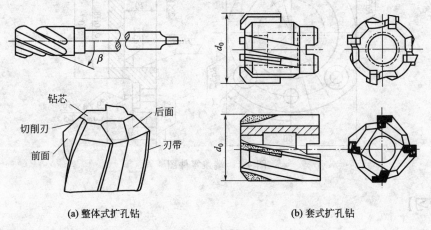

（a）整体式扩孔钻　　　　　　　　　　（b）套式扩孔钻

图 4-3　扩孔钻

（3）铰孔刀具及其选择

铰孔加工精度一般可达 IT9～IT8 级，孔的表面粗糙度值可达 $Ra1.6～0.8\mu m$，可用于孔的精加工，也可用于磨孔或研孔前的预加工。铰孔只能提高孔的尺寸精度、形状精度和减小表面粗糙度值，而不能提高孔的位置精度。因此，对于精度要求高的孔，在铰削前应先进行减少和消除位置误差的预加工，才能保证铰孔质量。图 4-4 所示为直柄和套式机用铰刀。

3. 孔加工路线安排

（1）孔加工导入量与超越量

孔加工导入量（图 4-5 中 ΔZ）是指在孔加工过程中，刀具自快进转为工进时，刀尖点位置与孔上表面间的距离。孔加工导入量可参照表 4-1 选取。

数控铣床编程与加工

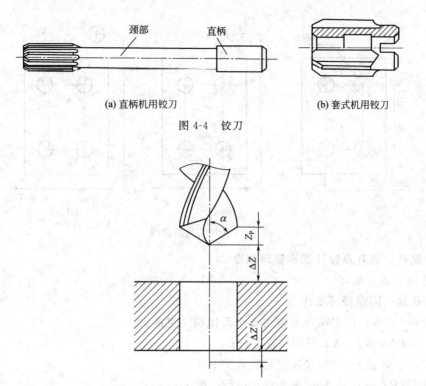

(a) 直柄机用铰刀　　　　　　　　(b) 套式机用铰刀

图 4-4　铰刀

图 4-5　孔加工导入量与超越量

孔加工超越量（图 4-5 中的 $\Delta Z'$），当钻通孔时，超越量通常取 $Z_P + (1\sim3)$ mm，Z_P 为钻尖高度（通常取 0.3 倍钻头直径）；铰通孔时，超越量通常取 $3\sim5$ mm；镗通孔时，超越量通常取 $1\sim3$ mm；攻螺纹时，超越量通常取 $5\sim8$ mm。

表 4-1　孔加工导入量

加工方法 \ 表面状态	已加工表面	毛坯表面
钻孔	2～3	5～8
扩孔	3～5	5～8
镗孔	3～5	5～8
铰孔	3～5	5～8
铣削	3～5	5～8
攻螺纹	5～10	5～10

（2）相互位置精度高的孔系的加工路线

对于位置精度要求较高的孔系加工，特别要注意孔的加工顺序的安排，避免将坐标轴的反向间隙带入，影响位置精度。

【例】　镗削图 4-6(a) 所示零件上的 4 个孔。

若按图 4-6(b) 所示进给路线加工，由于孔 4 与孔 1、孔 2、孔 3 的定位方向相反，Y 向反向间隙会使定位误差增加，从而影响孔 4 与其他孔的位置精度。按图 4-6(c) 所示进给路线，加工完孔 3 后往上移动一段距离至 P 点，然后再折回来在孔 4 处进行定位加工，这样方向一致，就可避免反向间隙的引入，提高了孔 4 的定位精度。

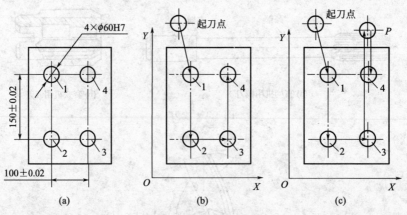

图 4-6　孔加工进给线路

二、钻孔、锪孔及铰孔固定循环指令

1. 孔加工固定循环

（1）孔加工固定循环动作

如图 4-7 所示，固定循环通常由 6 个动作顺序组成：

动作 1（AB 段）：XY 平面快速定位；

动作 2（BR 段）：Z 向快速进给到 R 点；

动作 3（RZ 段）：Z 轴切削进给，进行孔加工；

动作 4（Z 点）：孔底部的动作；

动作 5（ZR 段）：Z 轴退刀；

动作 6（RB 段）：Z 轴快速回到起始位置。

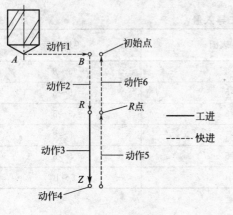

图 4-7　固定循环动作

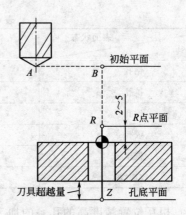

图 4-8　固定循环平面

（2）固定循环的平面

① 初始平面　初始平面是为安全下刀而规定的一个平面，如图 4-8 所示。初始平面可以设定在任意一个安全高度上。当使用同一把刀具加工多个孔时，刀具在初始平面内的任意移动将不会与夹具、工件凸台等发生干涉。

② R 点平面　R 点平面又叫 R 参考平面。这个平面是刀具下刀时，自快进转为工进的高度平面，距工件表面的距离主要考虑工件表面的尺寸变化，一般情况下取 2～5mm

（图 4-8）。

③ 孔底平面　加工不通孔时，孔底平面就是孔底的 Z 轴高度。而加工通孔时，除要考虑孔底平面的位置外，还要考虑刀具的超越量（图 4-5），以保证所有孔深都加工到尺寸。

（3）固定循环编程格式

孔加工循环的通用编程格式如下：

G73～G89　X　Y　Z　R　Q　P　F　K；

X、Y：孔在 XY 平面内的位置；

Z：孔底平面的位置；

R：R 点平面所在位置；

Q：G73 和 G83 深孔加工指令中刀具每次加工深度或 G76 和 G87 精镗孔指令中主轴准停后刀具沿准停反方向的让刀量；

P：指定刀具在孔底的暂停时间，数字不加小数点，ms；

F：孔加工切削进给时的进给速度；

K：指定孔加工循环的次数，该参数仅在增量编程中使用。

在实际编程时，并不是每一种孔加工循环的编程都要用到以上格式的所有代码。如下例的钻孔固定循环指令格式：

【例】　G81　X50.0　Y30.0　Z-25.0　R5.0　F100；

以上格式中，除 K 代码外，其他所有代码都是模态代码，只有在循环取消时才被清除，因此这些指令一经指定，在后面的重复加工中不必重新指定。如下例所示：

【例】　G82　X50.0　Y30.0　Z-25.0　R5.0　P1000　F100；

　　　　　X80.0；

　　　　　G80；

执行以上指令时，将在（50.0，30.0）和（80.0，30.0）处加工出相同深度的孔。

孔加工循环由指令 G80 取消。另外，遇到 01 组的 G 代码（如 G00、G01、G02、G03），则孔加工循环方式也会自动取消。

（4）G98 与 G99 方式

当刀具加工到孔底平面后，刀具从孔底平面以两种方式返回（图 4-11），即返回到 R 点平面和返回到初始平面，分别用指令 G98 与 G99 来决定。

① G98 方式　G98 为系统默认返回方式，表示返回初始平面。当采用固定循环进行孔系加工时，通常不必返回到初始平面。当全部孔加工完成后或孔之间存在凸台或夹具等干涉件时，则需返回初始平面。G98 指令格式如下：

G98　G81　X　Y　Z　R　F；

② G99 方式　G99 表示返回 R 点平面。在没有凸台等干涉情况下，加工孔系时，为了节省加工时间，刀具一般返回到 R 点平面。G99 指令格式如下：

G99　G81　X　Y　Z　R　F；

（5）G90 与 G91 方式

固定循环中 R 值与 Z 值数据的指定与 G90 与 G91 的方式选择有关（Q 值与 G90 与 G91 方式无关）。

① G90 方式　G90 方式中，X、Y、Z 和 R 的取值均指工件坐标系中绝对坐标值。

② G91方式 G91方式中，R值是指R点平面相对初始平面的Z坐标值，而Z值是指孔底平面相对R点平面的Z坐标值。X、Y数据值也是相对前一个孔的X、Y方向的增量距离。

【例】 如图4-9所示，在一条直线上加工4个孔，其坐标分别为（50.0，20.0）、（100.0，20.0）、（150.0，20.0）、（200.0，20.0），孔深都为40mm，如编程序为：

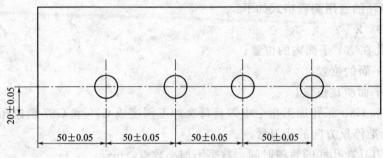

图4-9 直线连续孔加工

...

N30 G90 G99…；

N40 G81 X50.0 Y20.0 R3.0 Z-40 F200；

N50 G91 X50 K3；

N60 G90 G80 G00…；

由于相邻孔X值的增量为50，在程序段N40中采用G91方式，并利用重复次数K的功能，便可显著缩短CNC程序，提高编程效率。

2. 钻（扩）孔循环G81与锪孔循环G82

（1）指令格式

G81 X Y Z R F；

G82 X Y Z R P F；

（2）指令动作

G81指令常用于普通钻孔，其加工动作如图4-10所示，刀具在初始平面快速（G00方式）定位到指令中指定的X、Y坐标位置，再Z向快速定位到R点平面，然后执行切削进给到孔底平面，刀具从孔底平面快速Z向退回到R点平面（G99方式）或初始平面（G98方式）。

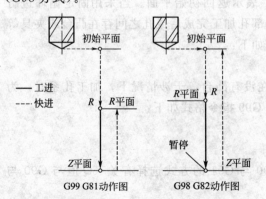

图4-10 G81与G82指令动作

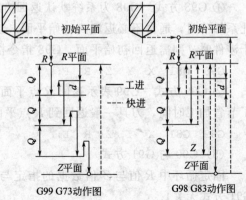

图4-11 G73与G83指令动作

G82 指令在孔底增加了进给后的暂停动作，以提高孔底表面粗糙度精度，如果指令中不指定暂停参数 P，则该指令和 G81 指令完全相同。该指令常用于锪孔或台阶孔的加工。

3. 高速深孔钻循环 G73 与钻深孔循环 G83

所谓深孔，是指孔深与孔直径之比大于 5 的孔。加工深孔时，加工中散热差，排屑困难，钻杆刚性差，易使刀具损坏和引起孔的轴线偏斜，从而影响加工精度和生产率。

(1) 指令格式

G73 X Y Z R Q F;

G83 X Y Z R Q F;

(2) 指令动作

G73 指令通过刀具 Z 轴方向的间歇进给实现断屑动作。指令中的 Q 值是指每一次的加工深度（均为正值且为带小数点的值）。图中的 d 值由系统指定，通常不需要用户修改。

G83 指令通过 Z 轴方向的间歇进给实现断屑与排屑的动作。该指令与 G73 指令的不同之处在于：刀具间歇进给后快速回退到 R 点，再快速进给到 Z 向距上次切削孔底平面 d 处，从该点处，快进变成工进，工进距离为 $Q+d$。

G73 指令与 G83 指令多用于深孔加工的编程。

4. 铰、扩、镗孔循环 G85

(1) 指令格式

G85 X Y Z R F;

(2) 指令动作

如图 4-12 所示，执行 G85 固定循环时，刀具以切削进给方式加工到孔底，然后以切削进给方式返回到 R 平面或初始平面。该指令常用于铰孔和扩孔加工，也可用于粗镗孔加工。

孔加工固定循环指令代码较多，具体见表 4-2。

表 4-2　孔加工固定循环指令

G 指令	加工动作－Z 向	在孔底部的动作	回退动作－Z 向	用　途
G73	间歇进给		快速进给	高速钻深孔
G74	切削进给	主轴正转	切削进给	反转攻螺纹
G76	切削进给	主轴定向停止	快速进给	精镗循环
G80				取消固定循环
G81	切削进给		快速进给	定点钻循环
G82	切削进给	暂停	快速进给	锪孔
G83	间歇进给		快速进给	深孔钻
G84	切削进给	主轴反转	切削进给	攻螺纹
G85	切削进给		切削进给	镗循环
G86	切削进给	主轴停止	切削进给	镗循环
G87	切削进给	主轴停止	手动或快速	反镗循环
G88	切削进给	暂停、主轴停止	手动或快速	镗循环
G89	切削进给	暂停	切削进给	镗循环

三、加工工艺的确定

1. 分析零件图样

根据图 4-1 所示图样需加工 $2 \times \phi 10H7$ 孔，尺寸精度为 7 级，表面粗糙度 $Ra1.6\mu m$；$2 \times \phi 9$ 通孔和 $2 \times \phi 15$ 沉孔，沉孔深 5mm。$2 \times \phi 10H7$ 孔尺寸精度和表面质量要求较高，可采用钻孔、扩孔、方式完成；$4 \times \phi 9$ 通孔用 $\phi 9$ 钻头直接钻出即可；$4 \times \phi 15$ 沉孔钻孔后再锪孔。

2. 工艺分析

(1) 加工方案的确定

① 钻中心孔　所有孔先打中心孔，以保证钻孔时，不会产生斜歪现象。

② 钻孔　用 $\phi 9$ 钻头钻出 $4 \times \phi 9$ 和 $2 \times \phi 10H7$ 孔的底孔。

③ 扩孔　用 $\phi 9.8$ 钻头扩 $2 \times \phi 10H7$ 孔。

④ 锪孔　用 $\phi 15$ 锪钻锪出 $4 \times \phi 15$ 沉孔。

⑤ 铰孔　用 $\phi 10H7$ 加工出 $2 \times \phi 10H7$ 孔。

(2) 确定装夹方案

该零件可利用专用夹具或三爪卡盘反爪进行装夹。由于底面和 $\phi 40H8$ 内腔已在前面工序加工完毕，本工序可以 $\phi 40H8$ 内腔和底面为定位面，侧面加防转销限制六个自由度，用压板夹紧，或直接用三爪卡盘反爪以 $\phi 40H8$ 内腔为基准进行定位。

(3) 确定加工工艺

加工工艺见表 4-3。

表 4-3　数控加工工序卡

数控加工工艺卡片			产品名称	零件名称	材料		零件图号
					45 钢		
工序号	程序编号	夹具名称	夹具编号	使用设备		车　间	
		虎钳					
工步号	工步内容		刀具号	主轴转速 /(r/min)	进给速度 /(mm/min)	背吃刀量/mm	侧吃刀量/mm	备注
1	钻所有孔的中心孔		T01	2000	80			
2	$4 \times \phi 9$ 孔和 $2 \times \phi 10H7$ 孔的底孔		T02	600	100			
3	扩 $2 \times \phi 10H7$ 孔		T03	800	100			
4	锪 $4 \times \phi 15$ 沉孔		T04	500	100			
5	铰 $2 \times \phi 10H7$ 孔		T05	200	50			

(4) 进给路线的确定

钻孔及扩、铰孔走刀路线同加工方案。

(5) 刀具及切削参数的确定

刀具及切削参数见表 4-4。

(6) 工具量具选用

加工所需工具量具见表 4-5。

表 4-4　数控加工刀具卡

数控加工刀具卡片		工序号	程序编号	产品名称	零件名称	材　料		零件图号
						45 钢		
序号	刀号	刀具名称	刀具规格/mm		粗加工刀补		精加工刀补		备注
			直径	长度	半径	长度	半径	长度	
1	T01	中心钻	$\phi3$						硬质合金
2	T02	麻花钻	$\phi9$						高速钢
3	T03	麻花钻	$\phi9.8$						高速钢
4	T04	锪钻	$\phi15$						高速钢
5	T05	铰刀	$\phi10$						高速钢

表 4-5　工具量具清单

种类	序号	名称	规格	单位	数量
工具	1	三爪卡盘	K11320	个	1
	2	卡盘扳手		把	1
	3	扳手		把	1
	4	橡皮锤		个	1
量具	1	游标卡尺	0～150mm	把	1
	2	深度游标卡尺	0～200mm	把	1
	3	塞规	$\phi10$	个	1
	4	塞规	$\phi15$	个	1
	5	表面粗糙度样板	N0～N1	个	1

四、参考程序编制

在 $\phi40H7$ 内孔中心建立工件坐标系，Z 轴原点设在端盖底面上。利用偏心式寻边器找正 X、Y 轴零点，装上中心钻头，完成 Z 轴的对刀。孔加工的安全平面设置在端盖顶面以上 50mm 处（Z 坐标为 80mm）；R 点平面设置在沉孔上表面 5mm 处（Z 坐标为 20mm）。程序如表 4-6～表 4-10 所示。

表 4-6　钻中心孔参考程序

O0001；	
N10 G17 G21 G40 G54 G80 G90 G94；	程序初始化
N20 G00 Z80.0 M08；	刀具定位到安全平面,启动主轴
N30 M03 S2000；	
N40 G98 G81 X28.28 Y28.28 R20.0 Z12.0 F100；	钻出六个孔的中心孔
N50 X0 Y40.0；	
N60 X−28.28 Y28.28；	
N70 Y−28.28；	
N80 X0 Y−40.0；	
N90 X28.28 Y−28.28；	
N100 G00 G80 Z180.0 M09；	刀具抬到手工换刀高度
N110 M30；	

表 4-7　钻 ϕ9mm 孔参考程序

O0002；	
N10 G17 G21 G40 G54 G80 G90 G94；	程序初始化
N20 M03 S600；	
N30 G00 Z80.0 M08；	刀具定位到安全平面
N40 G98 G81 X28.28 Y28.28 R20.0 Z−5.0 F100；	钻出六个 ϕ9mm 孔
N50 X0 Y40.0；	
N60 X−28.28 Y28.28；	
N70 Y−28.28；	
N80 X0 Y−40.0；	
N90 X28.28 Y−28.28；	
N100 G80 G00 Z180.0 M09；	刀具抬到手工换刀高度
N110 M30；	

表 4-8　扩 2×ϕ9.8mm 孔参考程序

O0003；	
N10 G17 G21 G40 G54 G80 G90 G94；	程序初始化
N20 M03 S800；	
N30 G00 Z80.0 M08；	刀具定位到安全平面
N40 G98 G81 X0 Y40.0 R20.0 Z−5.0 F100；	扩 2×ϕ10H7mm 孔至 ϕ9.8mm
N50 Y−40.0；	
N60 G80 G00 Z180 M09；	刀具抬到手工换刀高度
N70 M30；	

表 4-9　锪出 4×ϕ15mm 沉头孔参考程序

O0004；	
N10 G17 G21 G40 G54 G80 G90 G94；	程序初始化
N20 M00；	程序暂停,手工换 T4 刀,换转速
N30 M03 S500；	
N40 G00 Z80.0 M08；	刀具定位到安全平面
N50 G98 G82 X28.28 Y28.28 R20.0 Z10.0 P2000 F100；	锪出四个 ϕ15mm 沉头孔
N60 X−28.28；	
N70 Y−28.28；	
N80 X28.28；	
N90 G80 G00 Z180 M09；	刀具抬到手工换刀高度
N100 M30；	

表 4-10　铰 2×ϕ10H7mm 孔参考程序

O0005；	
N10 G17 G21 G40 G54 G80 G90 G94；	程序初始化
N20 M03 S200；	
N30 G00 Z80.0 M08；	刀具定位到安全平面
N40 G98 G85 X0 Y40.0 R20.0 Z−5.0 F50；	铰 2×ϕ10H7mm 孔
N50 Y−40.0；	
N60 M05；	
N70 M09 G80 G00 Z200；	
N80 M30；	程序结束

【操作训练】

一、加工准备

(1) 阅读零件图，准备工件材料、工量刃具。

(2) 开机，复位，机床回机床参考点。

(3) 输入并检查程序。

(4) 模拟加工程序。

(5) 安装夹具，紧固工件。将三爪卡盘安装在工作台上，反爪以 ϕ40H8 内腔为基准定位，百分表校正工件上表面并夹紧。

(6) 安装刀具。该工件使用了 5 把刀具，注意不同类型的刀具安装到相应的刀柄中。

二、对刀，设定工件坐标系及刀具补偿

第 1 把刀对刀时：X、Y 向对刀通过试切法分别对工件 X、Y 向进行对刀操作，得到 X、Y 零偏值输入 G54 中。Z 向对刀利用试切法测得工件上表面的 Z 数值，输入 G54 中。刀具半径补偿应分别在粗、精加工时设置到相应的刀补形状及磨耗中。第 2、3、4、5 把刀具只需进行 Z 向对刀，步骤同上。

三、自动加工

(1) "EDIT" 方式下选择调用待加工程序，调至程序首句。

(2) 选择 "MEM" 方式，调好进给倍率、主轴倍率，检查 "空运行"、"机床锁定" 键应处于关闭状态。

(3) 按下 "循环启动" 按钮进行自动加工。

四、注意事项

(1) 该工件采用三爪卡盘装夹，注意安装夹具前先进行校正，再夹紧。

(2) 钻孔加工前，应先钻中心孔，保证麻花钻加工时不偏心。

(3) 固定循环运行时，若利用复位或急停使数控装置停止，由于此时孔加工方式和孔加工数据还被存储着，所以在开始加工时要注意，将固定循环剩余动作进行到结束。

(4) 在进行 ϕ9、ϕ10 孔钻削时，应计算钻头顶点应加工的深度。

(5) 铰孔加工时，应根据刀具机床情况合理选择切削参数，同时在加工中可适当加注润滑油，降低表面粗糙度。

【练习与思考】

1. 数控铣床孔加工固定循环指令有哪些？

2. 孔加工时若按了急停键，其后的加工应注意哪些事项？

3. 完成如图 4-12 所示零件上定位销孔、螺栓孔的加工，并完成工序卡片的填写。零件上下表面、$\phi80$ 外轮廓等部位已在前面工序（步）完成，零件材料为 45 钢。

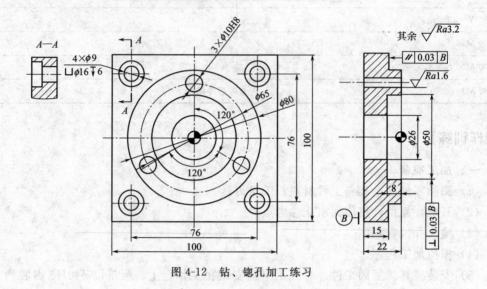

图 4-12　钻、锪孔加工练习

课题二　攻螺纹加工

【学习目标与要求】

1. 了解丝锥种类及选用方法。

2. 掌握攻螺纹前孔底直径的确定方法。

3. 掌握攻螺纹加工循环指令。

4. 掌握攻螺纹加工方法。

5. 完成攻螺纹零件如图 4-13 所示，底平面、侧面和在前面工序加工完成。本工序加工 4 个螺纹孔，材料为 45 钢。

【知识学习】

一、攻螺纹的加工工艺

1. 底孔直径的确定

攻螺纹之前要先打底孔，底孔直径的确定方法如下：

对钢和塑性大的材料

$$D_孔 = D - P$$

对铸铁和塑性小的材料

$$D_孔 = D - (1.05 \sim 1.1)P$$

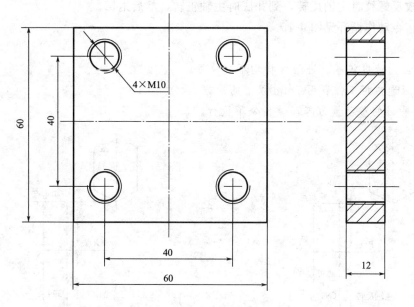

图 4-13 攻螺纹加工

式中　$D_孔$——螺纹底孔直径，mm；

　　　D——螺纹大径，mm；

　　　P——螺距，mm。

2. 盲孔螺纹底孔深度

盲孔螺纹底孔深度的计算方法如下：

$$盲孔螺纹底孔深度＝螺纹孔深度＋0.7d$$

式中　d——钻头的直径，mm。

3. 攻螺纹刀具

丝锥是数控机床加工内螺纹的一种常用刀具，其基本结构是一个轴向开槽的外螺纹。一般丝锥的容屑槽制成直的，也有的做成螺旋形，螺旋形容易排屑。加工右旋通孔螺纹时，选用左旋丝锥；加工右旋不通孔螺纹时，选用右旋丝锥，如图 4-14 所示。

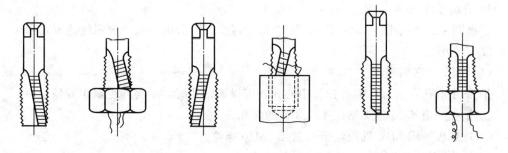

图 4-14　丝锥

二、攻内螺纹固定循环指令

1. 攻反螺纹指令（左旋螺纹）

G74　X__ Y__ Z__ R__ P__ F__ K__

G74 攻反螺纹时主轴反转，到孔底时主轴正转，然后退回。

G74 指令动作循环见图 4-15。

注意：

① 攻丝时速度倍率、进给保持均不起作用；

② R 应选在距工件表面 7mm 以上的地方；

③ 如果 Z 的移动量为零，该指令不执行。

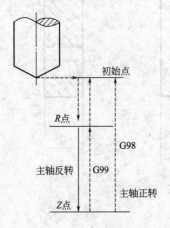

图 4-15　左旋螺纹循环

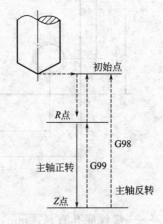

图 4-16　右旋螺纹循环

2. 攻螺纹指令（右旋螺纹）

G84　X＿Y＿Z＿R＿P＿F＿K＿

G84 攻螺纹时从 R 点到 Z 点主轴正转，在孔底暂停后，主轴反转，然后退回。

G84 指令动作循环见图 4-16。

注意：

① 攻丝时速度倍率、进给保持均不起作用；

② R 应选在距工件表面 7mm 以上的地方；

③ 如果 Z 的移动量为零，该指令不执行。

三、加工工艺的确定

1. 分析零件图样

根据图 4-13 所示图样需加工 4×M10 粗牙螺纹，可采用钻孔、攻螺纹的方式完成。

2. 工艺分析

（1）加工方案的确定

① 钻中心孔　所有孔都首先打中心孔，以保证钻孔时，不会产生斜歪现象。

② 钻孔　用 φ8.5 钻头钻出 4×φ8.5 的底孔。

③ 攻螺纹　用 M10 机用丝锥加工 4×M10 螺纹。

（2）确定装夹方案

该零件采用平口钳装夹。由于底面和外框在前面工序加工完毕，本工序只需完成螺纹的加工。

（3）确定加工工艺

加工工艺见表 4-11。

表 4-11　数控加工工序卡

数控加工工艺卡片			产品名称	零件名称	材料	零件图号		
					45 钢			
工序号	程序编号	夹具名称	夹具编号	使用设备		车　间		
		虎钳						
工步号	工步内容		刀具号	主轴转速 /(r/min)	进给速度 /(mm/min)	背吃刀量/mm	侧吃刀量/mm	备注
1	钻所有孔的中心孔		T01	2000	80			
2	4×φ8.5孔		T02	600	100			
3	攻 M10 螺纹		T03	100	100			

（4）进给路线的确定

钻孔及攻螺纹路线同加工方案。

（5）刀具及切削参数的确定

刀具及切削参数见表 4-12。

表 4-12　数控加工刀具卡

单　位		数控加工刀具卡片		产品名称				零件图号	
				零件名称				程序编号	
序号	刀具号	刀具名称		刀　具		补偿值		刀补号	
				直径	长度	半径	长度	半径	长度
1	T01	中心钻		φ3mm					
2	T02	麻花钻		φ8.5mm					
3	T03	机用丝锥		M10					

（6）工具量具选用

加工所需工具量具如表 4-13。

表 4-13　工具量具清单

种类	序号	名称	规格	单位	数量
工具	1	平口钳	QH150	个	1
	2	平行垫铁		个	1
	3	扳手		把	1
	4	橡皮锤		个	1
量具	1	游标卡尺	0～150mm	把	1
	2	深度游标卡尺	0～200mm	把	1
	3	螺纹塞规	M10	个	1
	4	表面粗糙度样板	N0～N1	个	1

四、参考程序编制

在工件对称中心建立工件坐标系，Z 轴原点设在工件上表面。利用寻边器找正 X、Y 轴零点，装上中心钻头，完成 Z 轴的对刀。孔加工的安全平面设置在工件表面以上 50mm 处；R 点平面设置在沉孔上表面 5mm 处。程序如表 4-14～表 4-16 所示。

表 4-14　钻中心孔参考程序

O0001；	
N10 G17 G21 G40 G54 G80 G90 G94；	程序初始化
N20 G00 Z50.0 M08；	刀具定位到安全平面
N30 M03 S2000；	启动主轴
N40 G98 G81 X−20 Y−20 R5 Z−2 F100；	钻出四个孔的中心孔
N50 Y20；	
N60 X20；	
N70 Y−20；	
N80 G00 G80 X0 Y0 Z50 M09；	
N90 M30；	

表 4-15　钻 φ8.5mm 孔参考程序

O0002；	
N10 G17 G21 G40 G54 G80 G90 G94；	程序初始化
N20 G00 Z50.0 M08；	刀具定位到安全平面
N30 M03 S600；	启动主轴
N40 G98 G81 X−20 Y−20 R5 Z−15 F100；	钻出底孔
N50 Y20；	
N60 X20；	
N70 Y−20；	
N80 G00 G80 X0 Y0 Z50 M09；	
N90 M30；	

表 4-16　攻 M10 螺纹参考程序

O0003；	
N10 G17 G21 G40 G54 G80 G90 G94；	程序初始化
N20 G00 Z50.0 M08；	刀具定位到安全平面
N30 M03 S100；	启动主轴
N40 G98 G84 X−20 Y−20 R5 Z−15 F100；	攻螺纹
N50 Y20；	
N60 X20；	
N70 Y−20；	
N80 G00 G80 X0 Y0 Z50 M09；	
N90 M30；	

【操作训练】

一、加工准备

(1) 阅读零件图，准备工件材料、工量刃具。

(2) 开机，复位，机床回机床参考点。

(3) 输入并检查程序。

(4) 模拟加工程序。（熟练可省略）

（5）安装夹具，紧固工件。将平口钳安装在工作台上，以工件底面为基准定位，百分表校正工件上表面并夹紧。

（6）安装刀具。该工件使用了 3 把刀具，注意不同类型的刀具安装到相应的刀柄中。

二、对刀，设定工件坐标系及刀具补偿

第 1 把刀对刀时：X、Y 向对刀通过试切法或寻边器分别对工件 X、Y 向进行对刀操作，得到 X、Y 零偏值输入 G54 中。Z 向对刀利用试切法测得工件上表面的 Z 数值，输入 G54 中。刀具半径补偿应分别在粗、精加工时设置到相应的刀补形状及磨耗中。第 2、3 把刀具只需进行 Z 向对刀，步骤同上。

三、自动加工

（1）"EDIT" 方式下选择调用待加工程序，调至程序首句。

（2）选择 "MEM" 方式，调好进给倍率、主轴倍率，检查 "空运行"、"机床锁定" 键应处于关闭状态。

（3）按下 "循环启动" 按钮进行自动加工。

四、注意事项

（1）该工件采用平口钳装夹，注意安装前先进行校正，再夹紧。

（2）在进行 ϕ8.5 孔钻削时，需计算钻头顶点应加工的深度。

（3）攻螺纹加工时，应合理使用攻螺纹循环指令，注意左右旋螺纹的区别，应根据刀具机床情况合理选择切削参数。

（4）加工钢件时，攻螺纹前必须将孔内铁屑清理干净，防止丝锥阻塞在孔内，同时在加工中可适当加注润滑油，降低表面粗糙度。

（5）一般情况下，M20 以上的螺纹孔可在数控铣床或加工中心通过螺纹铣刀加工；M6 以上、M20 以下的螺纹孔可在数控铣床或加工中心上完成螺纹加工。

【练习与思考】

1. 数控铣床螺纹加工有哪些固定循环指令，有何区别？

2. 编写如图 4-17 所示零件的加工程序，完成零件的加工。

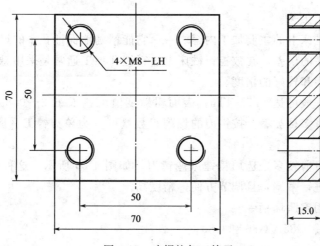

图 4-17　攻螺纹加工练习

课题三 镗孔加工

【学习目标与要求】

1. 了解镗刀形状、结构、种类及选用方法。

2. 掌握镗孔工艺参数选用原则。

3. 了解镗孔循环指令及应用。

4. 掌握微调镗刀的使用方法。

5. 完成如图 4-18 所示零件的加工，底平面、侧面和在前面工序加工完成。本工序加工 2 个孔。材料为 45 钢。

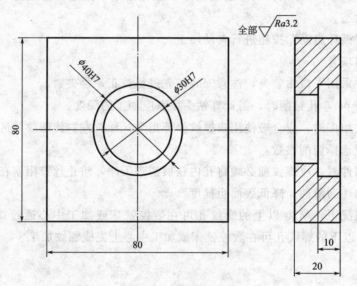

图 4-18 镗孔加工

【知识学习】

一、镗孔的加工工艺

镗孔是数控镗铣床上的主要加工内容之一，它能精确地保证孔系的尺寸精度和形位精度，并纠正上道工序的误差。在数控镗铣床上进行镗孔加工通常是采用悬臂方式，因此要求镗刀有足够的刚性和较好的精度。

镗孔加工精度一般可达 IT7～IT6，表面粗糙度值可达 $Ra6.3～0.8\mu m$。为适应不同的切削条件，镗刀有多种类型。按镗刀的切削刃数量可分为单刃镗刀［图 4-19(a)］和双刃镗刀［图 4-19(b)］。

在精镗孔中，目前较多地选用精镗微调镗刀，如图 4-20 所示。这种镗刀的径向尺寸可以在一定范围内进行微调，且调节方便，精度高。

二、镗孔加工固定循环指令

1. 镗孔循环指令 G85 \ G86 和 G89

G85 (G86)　X＿＿ Y＿＿ Z＿＿ R＿＿ F＿＿ K＿＿

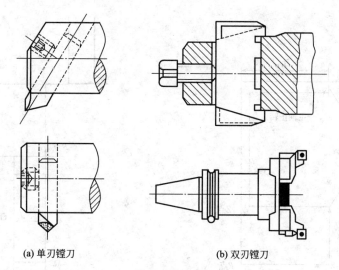

(a) 单刃镗刀   (b) 双刃镗刀

图 4-19　镗刀

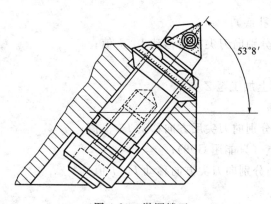

53°8′

图 4-20　微调镗刀

G85 指令与 G84 指令相同，但在孔底时主轴不反转。

G86 指令与 G81 相同，但在孔底时主轴停止，然后快速退回。

注意：

(1) 如果 Z 的移动位置为零，该指令不执行；

(2) 调用此指令之后，主轴将保持正转。

G89　X＿＿Y＿＿Z＿＿R＿＿P＿＿F＿＿K＿＿

G89 指令与 G85 指令相同，但在孔底有暂停。

注意：如果 Z 的移动量为零，G89 指令不执行。

2. 反镗循环指令 G87

G87　X＿＿Y＿＿Z＿＿R＿＿Q＿＿F＿＿K＿＿

G87 指令动作循环见图 4-21。

说明：

(1) 在 X、Y 轴定位；

(2) 主轴定向停止；

(3) 在 X、Y 方向分别向刀尖的反方向移动 I、J 值；

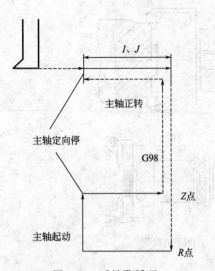

图 4-21　反镗孔循环

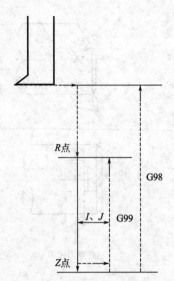

图 4-22　精镗孔循环

（4）定位到 R 点（孔底）；

（5）在 X、Y 方向分别向刀尖方向移动 I、J 值；

（6）主轴正转；

（7）在 Z 轴正方向上加工至 Z 点；

（8）主轴定向停止；

（9）在 X、Y 方向分别向刀尖反方向移动 I、J 值；

（10）返回到初始点（只能用 G98）；

（11）在 X、Y 方向分别向刀尖方向移动 I、J 值；

（12）主轴正转。

注意：如果 Z 的移动量为零，该指令不执行。

3. 精镗指令 G76

G76　X__ Y__ Z__ R__ Q__ P__ F__ K__

说明：

G76 精镗时，主轴在孔底定向停止后，向刀尖反方向移动，然后快速退刀。

这种带有让刀的退刀不会划伤已加工平面，保证了镗孔精度。G76 指令动作循环见图 4-22。

注意：如果 Z 的移动量为零，该指令不执行。

三、加工工艺的确定

1. 分析零件图样

根据图 4-18 所示图样需加工 $\phi30$ 及 $\phi40$ 孔各一个，尺寸精度约为 H7 级，表面粗糙度 $Ra1.6\mu m$；尺寸精度和表面质量要求较高，可采用钻孔、粗镗孔、精镗孔方式完成；先钻出 $\phi29$ 孔，用 $\phi29$ 钻头直接钻出即可；再用镗刀分别加工出 $\phi30$ 及 $\phi39.5$、$\phi40$ 孔。

2. 工艺分析

（1）加工方案的确定

① 钻中心孔　所有孔先打中心孔，以保证钻孔时，不会产生斜歪现象。

② 钻孔　用 $\phi29$ 钻头钻出底孔。

③ 镗孔　用 $\phi30$ 镗刀加工 $\phi30$ 孔。

④ 粗镗孔　用 $\phi39.5$ 镗刀粗加工 $\phi39.5$ 孔。

⑤ 精镗孔　用 $\phi40$ 镗刀精加工 $\phi40$ 孔。

（2）确定装夹方案

该零件采用平口钳装夹。由于底面和外框在前面工序加工完毕，本工序只需完成台阶孔的加工。

（3）确定加工工艺

加工工艺见表 4-17。

表 4-17　数控加工工序卡

数控加工工艺卡片			产品名称	零件名称	材料		零件图号	
					45 钢			
工序号	程序编号	夹具名称	夹具编号	使用设备			车　间	
		虎钳						
工步号	工步内容		刀具号	主轴转速 /(r/min)	进给速度 /(mm/min)	背吃刀量/mm	侧吃刀量/mm	备注
1	钻所有孔的中心孔		T01	2000	80			
2	钻 $\phi29$ 孔		T02	250	50			
3	镗 $\phi30$ 孔		T03	1000	100			
4	粗镗 $\phi39.5$ 孔		T04	900	120			
5	精镗 $\phi40$ 孔		T05	1000	100			

（4）进给路线的确定

钻孔及粗、精镗孔走刀路线同加工方案。

（5）刀具及切削参数的确定

刀具及切削参数见表 4-18。

表 4-18　数控加工刀具卡

单　　位		数控加工刀具卡片	产品名称			零件图号	
			零件名称			程序编号	
序号	刀具号	刀具名称	刀　具		补偿值		刀补号
			直径	长度	半径	长度	半径	长度
1	T01	中心钻	$\phi3mm$					
2	T02	麻花钻	$\phi29mm$					
3	T03	镗刀	$\phi30mm$					
4	T04	镗刀	$\phi39.5mm$					
5	T05	镗刀	$\phi40mm$					

（6）工具量具选用

加工所需工具量具见表 4-19。

表 4-19　工具量具清单

种类	序号	名称	规格	单位	数量
工具	1	平口钳	QH150	个	1
	2	扳手		把	1
	3	平行垫铁		副	1
	4	橡皮锤		个	1
量具	1	游标卡尺	0～150mm	把	1
	2	深度游标卡尺	0～200mm	把	1
	3	内测千分尺	25～50mm	把	1
	4	杠杆百分表及表座		个	1
	5	表面粗糙度样板	N0～N1	个	1

四、参考程序编制

在 ϕ40H7 内孔中心建立工件坐标系，Z 轴原点设在工件上表面。利用偏心式寻边器找正 X、Y 轴零点，装上中心钻，完成 Z 轴的对刀。孔加工的安全平面设置在上表面以上 50mm 处；R 点平面设置在上表面 5mm 处。程序如表 4-20～表 4-22 所示。

表 4-20　钻中心孔参考程序

程序如下：	
O0001	
N10 G17 G21 G40 G54 G80 G90 G94；	程序初始化
N20 G00 Z50.0 M08；	刀具定位到安全平面
N30 M03 S2000；	启动主轴
N40 G98 G81 X0 Y0 R5 Z－2 F100；	钻出中心孔
N50 G00 G80 Z50 M09 ；	
N60 M30；	

表 4-21　钻 ϕ29mm 孔参考程序

O0002；	
N10 G17 G21 G40 G54 G80 G90 G94；	程序初始化
N20 G00 Z50.0 M08；	刀具定位到安全平面
N30 M03 S250；	启动主轴
N40 G98 G81 X0 Y0 R5 Z－25 F100；	钻出底孔
N50 G00 G80 Z50 M09；	
N60 M30；	

表 4-22　镗 ϕ30 孔参考程序

O0003；	
N10 G17 G21 G40 G54 G80 G90 G94；	程序初始化
N20 G00 Z50.0 M08；	刀具定位到安全平面
N30 M03 S900；	启动主轴
N40 G98 G85 X 0 Y 0 R5 Z－21 F120；	镗 ϕ30 孔
N50 G00 G80 Z50 M09 ；	
N60 M30；	程序结束

注：粗镗 ϕ39.5 及精镗 ϕ40 孔程序同 O0003。

【操作训练】

一、加工准备

（1）阅读零件图，准备工件材料、工量刃具。

（2）开机，复位，机床回机床参考点。

（3）输入并检查程序。

（4）模拟加工程序。（熟练可省略）

（5）安装夹具，紧固工件。将平扣钳安装在工作台上，以工件底面为基准定位，百分表校正工件上表面并夹紧。

（6）安装刀具。该工件使用了 5 把刀具，注意不同类型的刀具安装到相应的刀柄中。

二、对刀，设定工件坐标系及刀具补偿

第 1 把刀对刀时：X、Y 向对刀通过试切法或寻边器分别对工件 X、Y 向进行对刀操作，得到 X、Y 零偏值输入 G54 中。Z 向对刀利用试切法测得工件上表面的 Z 数值，输入 G54 中。刀具半径补偿应分别在粗、精加工时设置到相应的刀补形状及磨耗中。第 2、3、4、5 把刀具只需进行 Z 向对刀，步骤同上。

三、自动加工

（1）"EDIT"方式下选择调用待加工程序，调至程序首句。

（2）选择"MEM"方式，调好进给倍率、主轴倍率，检查"空运行"、"机床锁定"键应处于关闭状态。

（3）按下"循环启动"按钮进行自动加工。

四、注意事项

（1）该工件采用平口钳装夹，注意垫铁与工件加工部位是否干涉。

（2）镗孔试切对刀时要准确找正预镗孔的中心位置，保证试切一周切削均匀。

（3）镗孔刀对刀时，工件零点偏置值可以直接借用前道工艺中用麻花钻或铣刀测量得到的 X、Y 值，Z 值通过试切获得。

【知识拓展】

孔的加工方法与步骤的选择见表 4-23。

表 4-23　孔加工的方法与步骤

序号	加工方案	精度等级	表面粗糙度 Ra	适用范围
1	钻	11～13	50～12.5	加工未淬火钢及铸铁的实心毛坯，也可用于加工有色金属（但粗糙度较差），孔径＜15～20mm
2	钻—铰	9	3.2～1.6	
3	钻—粗铰（扩）—精铰	7～8	1.6～0.8	
4	钻—扩	11	6.3～3.2	同上，但孔径＞15～20mm
5	钻—扩—铰	8～9	1.6～0.8	
6	钻—扩—粗铰—精铰	7	0.8～0.4	
7	粗镗（扩孔）	11～13	6.3～3.2	除淬火钢外各种材料，毛坯有铸出孔或锻出孔
8	粗镗（扩孔）—半精镗（精扩）	8～9	3.2～1.6	
9	粗镗（扩）—半精镗（精扩）—精镗	6～7	1.6～0.8	

【练习与思考】

1. 数控铣床镗孔指令有哪些？各指令有何区别？

2. 编写如图 4-23 所示零件的加工程序，完成零件的加工，材料为 45 钢。

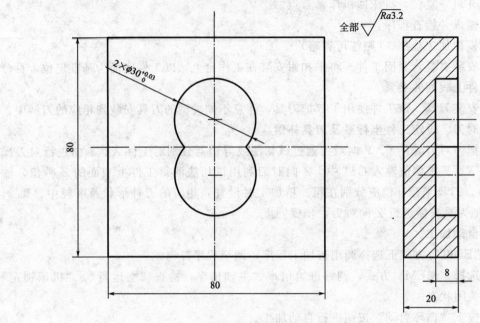

图 4-23　镗孔加工练习

项目五　内轮廓加工

课题一　凹槽加工

【学习目标与要求】

1. 合理选用凹槽加工刀具及切削用量。
2. 掌握凹槽加工工艺制定方法。
3. 会编制凹槽加工程序。
4. 完成凹槽零件加工，如图 5-1 所示零件上、下表面及四周已加工，要求完成内凹槽的粗、精加工。材料为 45 钢。

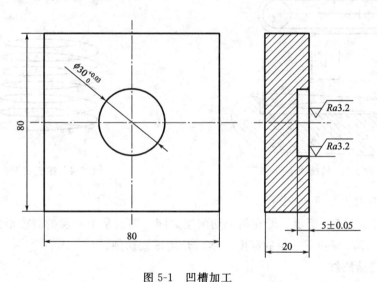

图 5-1　凹槽加工

【知识学习】

一、内槽加工工艺知识

所谓内槽是指以封闭曲线为边界的平底凹槽。一般用平底立铣刀或键槽刀加工，刀具圆角半径应符合内槽的图纸要求。如图 5-2 所示。

1. 刀具切入方法

刀具引入到型腔有三种方法：

（1）使用键槽铣刀沿 Z 向直接下刀，切入工件。

（2）先用钻头钻孔，立铣刀通过孔垂直进入再用圆周铣削。

（3）使用立铣刀螺旋下刀或者斜插式下刀。

① 使用立铣刀斜插式下刀。

使用立铣刀时，由于端面刃不过中心，一般不宜垂直下刀，可以采用斜插式下刀。斜插式下刀，即在两个切削层之间，刀具从上一层的高度沿斜线以渐近的方式切入工件，直

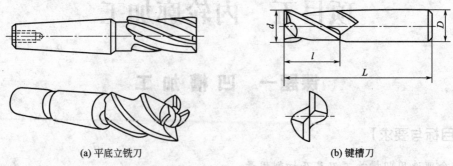

(a) 平底立铣刀　　　　　　　　　　　(b) 键槽刀

图 5-2　内槽加工刀具

到下一层的高度，然后开始正式切削，如图 5-3 所示。采用斜插式下刀时要注意斜向切入的位置和角度的选择应适当，一般进刀角度为 5°～10°。

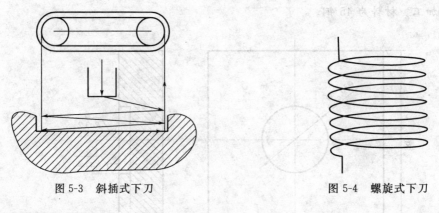

图 5-3　斜插式下刀　　　　　　　　　　　图 5-4　螺旋式下刀

② 螺旋下刀。

螺旋下刀如图 5-4 所示，即在两个切削层之间，刀具从上一层的高度沿螺旋线以渐近的方式切入工件，直到下一层的高度，然后开始正式切削。

2. 刀具进给路线

（1）加工内矩形槽的三种进给路线，如图 5-5 所示。图 5-5(a) 和图 5-5(b) 分别为用行切法和环切法加工内槽。两种进给路线的共同点是都能切净内腔中的全部面积，不留死角，不伤轮廓，同时尽量减少重复进给的搭接量。不同点是行切法的进给路线比环切法短，但行切法将在每两次进给的起点与终点间留下残留面积，而达不到所要求的表面粗糙度；用环切法获得的表面粗糙度要好于行切法，但环切法需要逐次向外扩展轮廓线，刀位点计算稍微复杂一些。采用图 5-5(c) 所示的进给路线，即先用行切法切去中间部分余量，

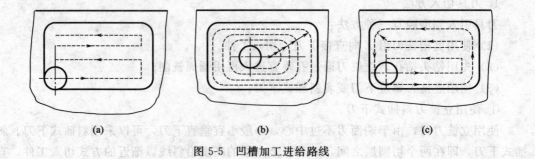

(a)　　　　　　　　　　(b)　　　　　　　　　　(c)

图 5-5　凹槽加工进给路线

最后用环切法环切一刀光整轮廓表面，既能使总的进给路线较短，又能获得较好的表面粗糙度。

（2）铣削封闭的内轮廓表面，若内轮廓曲线不允许外延（图 5-6），刀具只能沿内轮廓曲线的法向切入、切出。此时刀具的切入、切出点应尽量选在内轮廓曲线两几何元素的交点处。当内部几何元素相切无交点时（图 5-6），为防止刀补取消时在轮廓拐角处留下凹口［图 5-6(a)］，刀具切入、切出点应远离拐角［图 5-6(b)］。

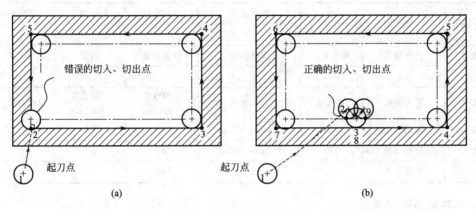

(a)   (b)

图 5-6　无交点内轮廓加工刀具的切入和切出

（3）当用圆弧插补铣削内圆弧时也要遵循从切向切入、切出的原则，最好安排从圆弧过渡到圆弧的加工路线（图 5-7）提高内孔表面的加工精度和质量。

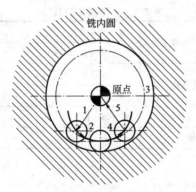

图 5-7　内圆铣削

二、加工工艺的确定

1. 分析零件图样

根据图 5-1 所示图样需加工 $\phi30$ 内凹槽，尺寸精度约为 H7 级，表面粗糙度 $Ra3.2\mu m$；尺寸精度和表面质量要求较高，可采用钻孔、粗铣凹槽、精铣凹槽方式完成；先钻出 $\phi10$ 的工艺孔；再用立铣刀分别加工出凹槽。

2. 工艺分析

（1）加工方案的确定

① 钻孔　用 $\phi10$ 钻头钻出工艺孔。

② 粗铣圆槽　用 $\phi12$ 立铣刀粗加工凹槽。

③ 精铣圆槽　用 $\phi12$ 立铣刀精加工凹槽。

（2）确定装夹方案

该零件采用平口钳装夹。由于底面和外框在前面工序加工完毕，本工序只需完成圆槽的加工。

（3）确定加工工艺

加工工艺见表5-1。

表5-1 数控加工工序卡

单　位	数控加工工序卡片		产品名称	零件名称	材　料	零件图号
工序号	程序编号	夹具名称	夹具编号	设备名称	编制	审核
工步号	工步内容	刀具号	刀具规格	主轴转速 /(r/min)	进给速度 /(mm/min)	背吃刀量/mm
1	钻 φ10 孔	T01	φ10mm 麻花钻	500	50	
2	粗铣凹槽	T02	φ12mm 立铣刀	600	120	4.5
3	精铣凹槽	T02	φ12mm 立铣刀	700	90	0.5

（4）进给路线的确定

钻孔及粗、精铣圆槽走刀路线同加工方案。

（5）刀具及切削参数的确定

刀具及切削参数见表5-2。

表5-2 数控加工刀具卡

单　位		数控加工刀具卡片	产品名称			零件图号	
			零件名称			程序编号	
序号	刀具号	刀具名称	刀　具		补偿值		刀补号	
			直径	长度	半径	长度	半径	长度
1	T01	麻花钻	φ10mm					
2	T02	立铣刀	φ12mm					

（6）工具量具选用

加工所需工具量具见表5-3。

表5-3 工具量具清单

种类	序号	名称	规格	单位	数量
工具	1	平口钳	QH150	个	1
	2	扳手		把	1
	3	平行垫铁		副	1
	4	橡皮锤		个	1
量具	1	游标卡尺	0～150mm	把	1
	2	深度游标卡尺	0～200mm	把	1
	3	内测千分尺	25～50mm	把	1
	4	百分表及表座	0～10mm	个	1
	5	表面粗糙度样板	N0～N1	个	1

三、参考程序编制

在 $\phi30H7$ 内孔中心建立工件坐标系，Z 轴原点设在工件上表面。利用偏心式寻边器找正 X、Y 轴零点，装上麻花钻，完成 Z 轴的对刀。孔加工的安全平面设置在上表面以上 50mm 处；R 点平面设置在上表面 5mm 处。程序如表 5-4、表 5-5 所示。

表 5-4　钻工艺孔参考程序

O0001;	
N10 G80 G90 G17 G40 G49;	程序初始化
N20 M03 S800;	主轴正转
N30 G0 G54 X0 Y0 Z50;	
N40 Z10;	
N50 G81 Z−4.5 R3 F100;	钻工艺孔
N60 G80 G0 X0 Y0 Z50;	取消固定循环
N70 M30;	

表 5-5　铣圆槽参考程序

O0002;	
N10 G80 G90 G17 G40 G49;	程序初始化
N20 M03 S600;	主轴正转
N30 G0 G54 X0 Y0 Z50;	
N40 G43 G1 Z−5 H1 F100;	刀具长度补偿
N50 G41 G1 X−10 Y−5 D1;	刀具半径补偿
N60 G3 X−15 Y0 R10;	圆弧切入
N70 J−15;	铣整圆
N80 G3 X10 Y−5 R10;	圆弧切出
N90 G40 G1 X0 Y0;	取消半径补偿
N100 G49 G0 Z50;	取消长度补偿
N110 M30;	

【操作训练】

一、加工准备

（1）阅读零件图，准备工件材料、工量刃具。

（2）开机，复位，机床回机床参考点。

（3）输入并检查程序。

（4）模拟加工程序。（熟练可省略）

（5）安装夹具，紧固工件。将平口钳安装在工作台上，以工件底面为基准定位，百分表校正工件上表面并夹紧。

（6）安装刀具。该工件使用了 2 把刀具，注意不同类型的刀具安装到相应的刀柄中。

二、对刀，设定工件坐标系及刀具补偿

第 1 把刀对刀时：X、Y 向对刀通过试切法或寻边器分别对工件 X、Y 向进行对刀操

作，得到 X、Y 零偏值输入 G54 中。Z 向对刀利用试切法测得工件上表面的 Z 数值，输入 G54 中。刀具半径补偿应分别在粗、精加工时设置到相应的刀补形状及磨耗中。第 2 把刀具只需进行 Z 向对刀，步骤同上。

三、自动加工

（1）"EDIT" 方式下选择调用待加工程序，调至程序首句。

（2）选择 "MEM" 方式，调好进给倍率、主轴倍率，检查 "空运行"、"机床锁定" 键应处于关闭状态。

（3）按下 "循环启动" 按钮进行自动加工。

四、注意事项

（1）铣刀半径必须小于或等于工件内轮廓凹圆弧最小半径，否则无法加工出内轮廓圆弧。

（2）在刀补设置中刀具半径补偿参数不能大于内轮廓圆弧半径，否则会发生报警。

（3）加工内轮廓尽可能采用顺铣以提高表面质量。

（4）内轮廓加工可采取先加工预制孔，再用立铣刀直接下刀。

（5）如果内轮廓无法加工预制孔时，精加工时用立铣刀应螺旋下刀或采用键槽铣刀替代。

【练习与思考】

1. 内轮廓切入、切出时应考虑哪些因素？

2. 内轮廓加工时可以选用那些刀具，分别如何下刀？

3. 编写如图 5-8 所示零件的加工程序，完成零件的加工。

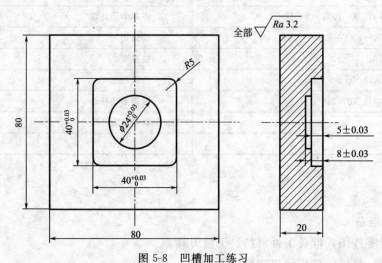

图 5-8 凹槽加工练习

课题二 型腔加工

【学习目标与要求】

1. 掌握局部坐标系指令格式及应用。

2. 掌握子程序编程方法。

3. 掌握圆弧切入、切出方法。

4. 会制定内腔加工工艺方案。

5. 完成矩形型腔零件的加工如图 5-9 所示，毛坯外形各基准面已加工完毕，已经形成精毛坯。要求完成零件上型腔的粗、精加工，零件材料为 45 钢。

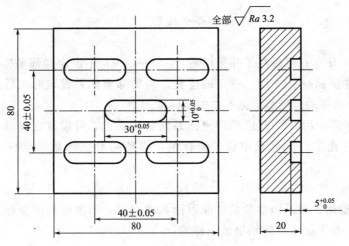

图 5-9　矩形型腔零件

【知识学习】

一、编程知识

1. 局部坐标系指令

当在工件坐标系中编制程序时，为了方便编程，可以设定工件坐标系的子坐标系（图 5-10）。子坐标系称为局部坐标系。

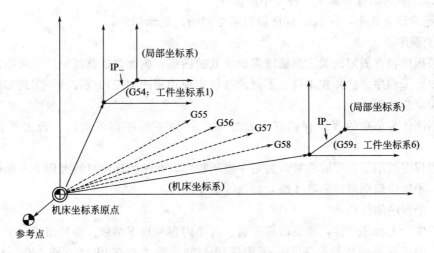

图 5-10　局部坐标系示意图

（1）指令格式

G52 IP_ ；设定局部坐标系

…

G52 IP0；取消局部坐标系

IP_ ：局部坐标系的原点

（2）局部坐标系应用

G52 X10 Y20   将原坐标系中 X10、Y20 设为局部坐标系原点

…

G52 X0 Y0   取消局部坐标系

（3）说明

用指令 G52 IP_；可以在工件坐标系（G54～G59）中设定局部坐标系。局部坐标的原点设定在工件坐标系中以 IP_ 指定的位置。当局部坐标系设定时，后面的以绝对值方式（G90）指令的移动是局部坐标系中的坐标值。

在工件坐标系中用 G52 指定局部坐标系的新的零点，可以改变局部坐标系。为了取消局部坐标系并在工件坐标系中指定坐标值，应使局部坐标系零点与工件坐标系零点一致。

注意事项：

① 当一个轴用手动返回参考点功能返回参考点时，该轴的局部坐标系零点与工件坐标系零点一致。与下面指令的结果是一样的：

G52 α0；

α：返回参考点的轴。

② 局部坐标系设定不改变工件坐标系和机床坐标系。

③ 复位时是否清除局部坐标系，取决于参数的设定。当参数 No.3402♯6（CLR）或参数 No.1202♯3（RLC）之中的一个设置为 1 时，局部坐标系被取消。

④ 当用 G92 指令设定工件坐标系时，如果未指定所有轴的坐标值，则未指定坐标值的轴的局部坐标系并不取消，而是保持不变。

⑤ G52 暂时清除刀具半径补偿中的偏置。

⑥ 绝对值方式中，在 G52 程序段以后立即指定运动指令。

2. 子程序

如果程序包含固定的加工路线或多次重复的图形，则此加工路线或图形可以编成单独的程序作为子程序。这样在工件上不同的部位实现相同的加工，或在同一部位实现重复加工，大大简化编程。

子程序作为单独的程序存储在系统中时，任何主程序都可调用，最多可达 999 次调用。

当主程序调用子程序时它被认为是一级子程序，在子程序中可再调用下一级的另一个子程序，子程序调用可以嵌套 4 级，如图 5-11 所示。

（1）子程序的结构

子程序与主程序一样，也是由程序名、程序内容和程序结束三部分组成。子程序与主程序唯一的区别是结束符号不同，子程序用 M99，而主程序用 M30 或 M02 结束程序。例如：

O□□□□；   （子程序名）

…；

…；   （子程序内容）

...;

M99;   (子程序结束)

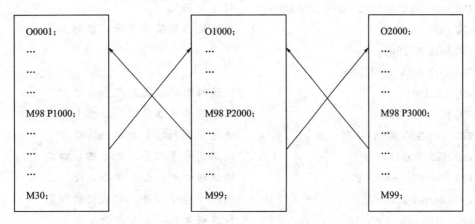

图 5-11　子程序嵌套

（2）子程序的调用

在主程序中，调用子程序的程序段格式为：

M98 P×××□□□□；

×××表示子程序被重复调用的次数，□□□□表示调用的子程序名（数字）。

例如：M98 P51234；表示调用子程序 O1234 重复执行 5 次。

当子程序只调用一次时，调用次数可以不写，如 M98 P1234；表示调用 O1234 子程序执行 1 次。

（3）子程序应用

例：加工如图 5-12 所示零件上的 4 个相同尺寸的长方形槽，槽深 2mm，槽宽 10mm，未注圆角 $R5$，铣刀直径 $\phi10$mm，试用子程序编程。

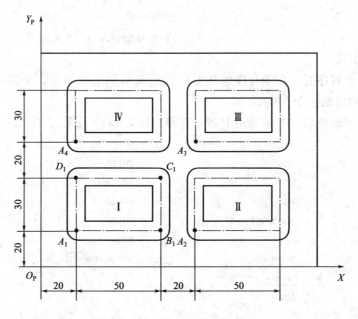

图 5-12　子程序编程举例

加工程序如下：

O0001;   主程序名

N10 G17 G21 G40 G54 G80 G90 G94; 程序初始化

N20 G00 Z80.0;   刀具定位到安全平面，启动主轴

N30 M03 S1000;

N40 G00 X20.0 Y20.0;

N50 Z2.0;   快速移动到 A_1 点上方 2mm 处

N60 M98 P0002;   调用 2 号子程序，完成槽 I 加工

N70 G90 G00 X90.0;   快速移动到 A_2 点上方 2mm 处

N80 M98 P0002;   调用 2 号子程序，完成槽 II 加工

N90 G90 G00 Y70.0;   快速移动到 A_3 点上方 2mm 处

N100 M98 P0002;   调用 2 号子程序，完成槽 III 加工

N110 G90 G00 X20.0;   快速移动到 A_4 点上方 2mm 处

N120 M98 P0002;   调用 2 号子程序，完成槽 IV 加工

N130 G90 G00 X0 Y0;   回到工件原点

N140 Z10.0;

N150 M05;   主轴停

N160 M30;   程序结束

O0002;   子程序名

N10 G91 G01 Z-4.0 F100;   刀具 Z 向工进 4mm（切深 2mm，增量编程）

N20 X50.0; $A_1 \rightarrow B_1$

N30 Y30.0; $B_1 \rightarrow C_1$

N40 X-50.0; $C_1 \rightarrow D_1$

N50 Y-30.0; $D_1 \rightarrow A_1$

N60 G00 Z4.0;   Z 向快退 4mm

N70 M99;   子程序结束，返回主程序

（4）注意事项

① 在编制子程序时，在子程序的开头 O 的后面编制子程序号，子程序的结尾一定要有返回主程序的辅助指令 M99。

② 在子程序的最后一个单段用 P 指定序号（图 5-13），子程序不回到主程序中呼叫子

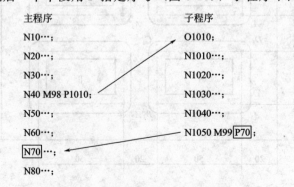

图 5-13　子程序返回到指定的单段

程序的下一个单段，而是回到 P 指定的序号。返回到指定单段的处理时间通常比回到主程序的时间长。

二、加工工艺的确定

1. 分析零件图样

根据图 5-9 所示零件图样需加工 5 个键槽，尺寸精度约为 H7 级，表面粗糙度 $Ra3.2\mu m$；尺寸精度和表面质量要求较高，可粗铣键槽、精铣键槽方式完成；先采用 $\phi8$ 的键槽刀粗铣键槽；再采用 $\phi8$ 的立铣刀精铣键槽。

2. 工艺分析

（1）加工方案的确定

① 粗铣键槽　用 $\phi8$ 键槽刀粗加工键槽。

② 精铣键槽　用 $\phi8$ 立铣刀精加工键槽。

（2）确定装夹方案

该零件采用平口钳装夹。由于底面和外框在前面工序加工完毕，本工序只需完成键槽的加工。

（3）确定加工工艺

加工工艺见表 5-6。

表 5-6　数控加工工序卡

单位	数控加工工序卡片		产品名称	零件名称	材　料	零件图号
工序号	程序编号	夹具名称	夹具编号	设备名称	编制	审核
工步号	工步内容	刀具号	刀具规格	主轴转速/(r/min)	进给速度/(mm/min)	背吃刀量/mm
1	粗铣凹槽	T01	$\phi8$mm 键槽刀	600	120	
2	精铣凹槽	T02	$\phi8$mm 立铣刀	700	90	

（4）进给路线的确定

粗、精铣键槽走刀路线同加工方案。

（5）刀具及切削参数的确定

刀具及切削参数见表 5-7。

表 5-7　数控加工刀具卡

单　位		数控加工刀具卡片		产品名称		零件图号	
				零件名称		程序编号	
序号	刀具号	刀具名称		刀　具		补偿值		刀补号	
				直径	长度	半径	长度	半径	长度
1	T01	键槽刀		$\phi8$mm					
2	T02	立铣刀		$\phi8$mm					

（6）工具量具选用

加工所需工具量具如表 5-8。

表 5-8　工具量具清单

种类	序号	名称	规格	单位	数量
工具	1	平口钳	QH150	个	1
	2	扳手		把	1
	3	平行垫铁		副	1
	4	橡皮锤		个	1
量具	1	游标卡尺	0~150mm	把	1
	2	深度游标卡尺	0~200mm	把	1
	3	半径规	R5	把	1
	4	百分表及表座	0~10mm	个	1
	5	表面粗糙度样板	N0~N1	个	1

三、参考程序编制

在工件上表面对称中心建立工件坐标系，Z 轴原点设在工件上表面。利用偏心式寻边器找正 X、Y 轴零点，装上键槽刀，完成 Z 轴的对刀。程序如表 5-9、表 5-10 所示。

表 5-9　粗、精加工参考程序

O0010；	主程序名
N10 G17 G40 G54 G80 G90；	程序初始化
N20 G00 Z80.0；	刀具定位到安全平面
N30 M03 S600；	启动主轴
N50 Z5.0；	下刀至参考高度
N60 G52 X−20 Y−20；	建立局部坐标系 1
N70 M98 P0011；	调用子程序
N80 G52 X−20 Y20；	建立局部坐标系 2
N90 M98 P0011；	调用子程序
N100 G52 X20 Y20；	建立局部坐标系 3
N110 M98 P0011；	调用子程序
N120 G52 X20 Y−20；	建立局部坐标系 4
N130 M98 P0011；	调用子程序
N140 G52 X0 Y0；	建立局部坐标系 5
N150 M98 P0011；	调用子程序
N160 G00 X0 Y0 Z100.0；	
N170 M05；	主轴停止
N180 M30；	程序结束

表 5-10　子程序参考程序

O0011；	子程序名
N10 G00 X0 Y0；	刀具至坐标原点
N20 G43 G01 Z－5 H01 F150；	刀具长度补偿
N30 G41 X－4.5 Y－0.5 D01；	刀具半径左补偿
N40 G03 X0 Y－5 R4.5；	圆弧切入
N50 G01 X10；	
N60 G03 Y5 R5；	
N70 G01 X－10；	
N80 G03 Y－5 R5；	
N90 G01 X0；	
N100 G03 X4.5 Y－0.5 R4.5；	圆弧切出
N110 G40 G01 X0 Y0；	取消半径补偿
N120 G49 Z5；	取消长度补偿
N130 M99；	子程序结束,返回主程序

【操作训练】

一、加工准备

（1）阅读零件图，准备工件材料、工量刃具。

（2）开机，复位，机床回机床参考点。

（3）输入并检查程序。

（4）安装夹具，紧固工件。将平口钳安装在工作台上，以工件底面为基准定位，百分表校正工件上表面并夹紧。

（5）安装刀具。该工件使用了 2 把刀具，注意不同类型的刀具安装到相应的刀柄中。

二、对刀，设定工件坐标系及刀具补偿

第 1 把刀对刀时；X、Y 向对刀通过试切法或寻边器分别对工件 X、Y 向进行对刀操作，得到 X、Y 零偏值输入 G54 中。Z 向对刀利用试切法测得工件上表面的 Z 数值，输入 G54 中。刀具半径补偿应分别在粗、精加工时设置到相应的刀补形状及磨耗中。第 2 把刀具只需进行 Z 向对刀，步骤同上。

三、自动加工

（1）"EDIT" 方式下选择调用待加工程序，调至程序首句。

（2）选择 "MEM" 方式，调好进给倍率、主轴倍率，检查 "空运行"、"机床锁定" 键应处于关闭状态。

（3）按下 "循环启动" 按钮进行自动加工。

四、注意事项

（1）加工中应注意刀具半径、长度补偿等参数的设定与修改。

（2）精加工时可选用立铣刀代替键槽刀提高加工表面质量。

（3）若槽宽度尺寸过小无法采用圆弧切入、切出时，只能采用沿轮廓法向切入、切出，切点应选在轮廓交点。

【练习与思考】

1. 编程中如何理解局部坐标系与工件坐标系的关系？

2. 什么是子程序？调用子程序有什么注意事项？

3. 编写如图 5-14 所示零件的加工程序，完成零件的加工。

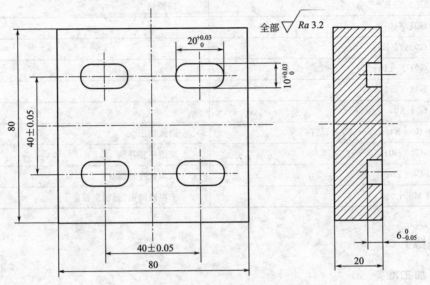

图 5-14　型腔加工练习

课题三　内轮廓综合加工

【学习目标与要求】

1. 掌握内轮廓综合加工编程方法。

2. 掌握内轮廓切入、切出方法。

3. 熟练制定内轮廓加工工艺方案。

4. 完成内轮廓综合零件的加工如图 5-15 所示，毛坯外形各基准面已加工完毕，已经形成精毛坯。要求完成零件上型腔的粗、精加工，零件材料为 45 钢。

【知识学习】

一、内轮廓加工工艺知识

1. 型腔铣削用量

粗加工时，为了得到较高的切削效率，选择较大的切削用量，但刀具的切削深度与宽度应与加工条件（机床、工件、装夹、刀具）相适应。

实际应用中，一般 Z 方向的切削深度不超过刀具的半径；直径较小的立铣刀，切削深度一般不超过刀具直径的 1/3。切削宽度与刀具直径大小成正比，与切削深度成反比，一般切削宽度取 0.6～0.9 倍刀具直径。值得注意的是：型腔粗加工开始第一刀，刀具为全宽切削，切削力大，切削条件差，应适当减小进给量和切削速度。

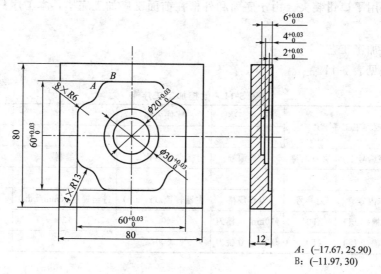

A: (−17.67, 25.90)
B: (−11.97, 30)

图 5-15　内轮廓综合零件

精加工时，为了保证加工质量，应避免工艺系统受力变形和减小振动，精加工时切削深度应小些。数控机床的精加工余量可略小于普通机床，一般在深度、宽度方向留 0.2～0.5mm 余量进行精加工。精加工时，进给量大小主要受表面粗糙度要求限制，切削速度大小主要取决于刀具耐用度。

2. 岛屿及残料的加工

岛屿实际上就是有在一个或多个内轮廓中包围的一个外轮廓组成的实体部分，如内方中突出的一个圆柱之类。岛屿的加工实际就是内外轮廓的加工，但要注意在编程时不要把对侧的轮廓铣掉。为简化编程，编程员可先将腔的外形按内轮廓进行加工，再将岛屿按外轮廓进行加工，使剩余部分远离轮廓及岛屿，再按无界平面进行挖腔加工。残料是加工完内外轮廓后未能去除的多余部分，为保证加工精度和表面质量，一般采用编程去除（具体方法与岛屿加工类似），尽量避免手工去除。

二、加工工艺的确定

1. 分析零件图样

根据图 5-15 所示图样需加工 3 层内腔，尺寸精度约为 H7 级，表面粗糙度 $Ra3.2\mu m$；尺寸精度和表面质量要求较高，可先粗铣三层内腔、再精铣的方式完成；先采用 $\phi10$ 的键槽刀粗铣内腔；再采用 $\phi10$ 的立铣刀精铣内腔。

2. 工艺分析

（1）加工方案的确定

① 粗铣 2mm 深内腔及残料　用 $\phi10$ 键槽刀粗加工内腔。

② 粗铣 4mm 深内腔　用 $\phi10$ 键槽刀粗加工内腔。

③ 粗铣 6mm 深内腔　用 $\phi10$ 键槽刀粗加工内腔。

④ 精铣 2mm 深内腔及残料　用 $\phi10$ 立铣刀精加工内腔。

⑤ 精铣 4mm 深内腔　用 $\phi10$ 立铣刀精加工内腔。

⑥ 精铣 6mm 深内腔　用 $\phi10$ 立铣刀精加工内腔。

（2）确定装夹方案

该零件采用平口钳装夹。由于底面和外框在前面工序加工完毕，本工序只需完成内轮廓的加工。

（3）确定加工工艺

加工工艺见表 5-11。

表 5-11　数控加工工序卡

单位	数控加工工序卡片		产品名称	零件名称	材　料	零件图号
工序号	程序编号	夹具名称	夹具编号	设备名称	编制	审核
工步号	工步内容	刀具号	刀具规格	主轴转速/(r/min)	进给速度/(mm/min)	背吃刀量/mm
1	粗铣凹槽(3层)	T01	ϕ10mm 键槽刀	400	120	
2	精铣凹槽(3层)	T02	ϕ10mm 立铣刀	500	90	

（4）进给路线的确定

粗、精铣键槽走刀路线同加工方案。

（5）刀具及切削参数的确定

刀具及切削参数见表 5-12。

表 5-12　数控加工刀具卡

单　位		数控加工刀具卡片		产品名称				零件图号	
				零件名称				程序编号	
序号	刀具号	刀具名称		刀　具		补偿值		刀补号	
				直径	长度	半径	长度	半径	长度
1	T01	键槽刀		ϕ10mm					
2	T02	立铣刀		ϕ10mm					

（6）工具量具选用

加工所需工具量具见表 5-13。

表 5-13　工具量具清单

种类	序号	名称	规格	单位	数量
工具	1	平口钳	QH150	个	1
	2	扳手		把	1
	3	平行垫铁		副	1
	4	橡皮锤		个	1
量具	1	游标卡尺	0～150mm	把	1
	2	深度游标卡尺	0～200mm	把	1
	3	半径规	R6	把	1
	4	半径规	R13	把	1
	5	内测千分尺	25～50mm	把	1
	6	百分表及表座	0～10mm	个	1
	7	表面粗糙度样板	N0～N1	个	1

三、参考程序编制

在工件上表面对称中心建立工件坐标系，Z 轴原点设在工件上表面。利用偏心式寻边器找正 X、Y 轴零点，装上键槽刀，完成 Z 轴的对刀。程序如表 5-14 所示。

表 5-14　粗、精加工程序

O0010；	主程序名
N10 G17 G40 G54 G80 G90；	程序初始化
N20 G00 X0 Y0 Z80.0；	刀具定位到安全平面
N30 M03 S400；	启动主轴
N50 Z5.0；	下刀至参考高度
N60 G43 G01 Z−2 H01 F150；	建立刀具长度补偿
N70 G41 X−10 Y−20 D01；	建立刀具半径补偿
N80 G03 X0 Y−30 R10；	圆弧切入
N90 G01 X11.97；	
N100 G03 X17.67 Y−25.90 R6；	
N110 G02 X25.90 Y−17.67 R13	
N100 G03 X30 Y−11.97 R6；	
N110 G01 Y11.97；	
N130 G03 X25.90 Y17.67 R6；	
N140 G02 X17.67 Y25.90 R13；	
N150 G03 X11.97 Y30 R6；	
N160 G01 X−11.97；	
N170 G03 X−17.67 Y25.90 R6；	
N180 G02 X−25.90 Y17.67 R13；	
N190 G03 X−30 Y11.97 R6；	
N200 G01 Y−11.97；	
N210 G03 X−25.90 Y−17.67 R6；	
N220 G02 X−17.67 Y−25.90 R13；	
N230 G03 X−11.97 Y−30 R6；	
N240 G01 X0；	
N250 G03 X10 Y−20 R10；	圆弧切出
N260 G40 G01 X0 Y0；	
N270 X−19；	去除残料
N280 G02 I19；	
N290 G1 X0 Y0；	
N300 G1 Z−4；	加工 Z−4 内圆
N310 G41 X−10 Y−5 D01；	
N320 G03 X0 Y−15 R10；	
N330 J15；	
N340 X10 Y−5 R10；	

N350 G40 G1 X0 Y0;	
N360 Z−6;	加工 Z−6 内圆
N370 G41 X−8 Y−2 D01;	
N380 G03 X0 Y−10 R8;	
N390 J10;	
N400 G03 X8 Y−2 R8;	
N410 G40 G1 X0 Y0;	
N420 G49 G0 Z80;	
N430 M05;	
N440 M30;	程序结束

【操作训练】

一、加工准备

（1）阅读零件图，准备工件材料、工量刀具。

（2）开机，复位，机床回机床参考点。

（3）输入并检查程序。

（4）安装夹具，紧固工件。将平口钳安装在工作台上，以工件底面为基准定位，百分表校正工件上表面并夹紧。

（5）安装刀具。该工件使用了2把刀具，注意不同类型的刀具安装到相应的刀柄中。

二、对刀，设定工件坐标系及刀具补偿

第1把刀对刀时：X、Y 向对刀通过试切法或寻边器分别对工件 X、Y 向进行对刀操作，得到 X、Y 零偏值输入 G54 中。Z 向对刀利用试切法测得工件上表面的 Z 数值，输入 G54 中。刀具半径补偿应分别在粗、精加工时设置到相应的刀补形状及磨耗中。第2把刀具只需进行 Z 向对刀，步骤同上。

三、自动加工

（1）"EDIT"方式下选择调用待加工程序，调至程序首句。

（2）选择"MEM"方式，调好进给倍率、主轴倍率，检查"空运行"、"机床锁定"键应处于关闭状态。

（3）按下"循环启动"按钮进行自动加工。

四、注意事项

（1）平面内轮廓加工尽可能采用行切、环切相结合的路线，并从里往外加工，可缩短切削时间，保证加工表面质量。

（2）刀具半径选择应注意不能大于内轮廓最小内拐角半径，否则会产生过切。

（3）精加工余量是通过设置不同的刀具半径、长度补偿值来控制，精加工尺寸控制也是通过实际测量尺寸和调节刀具半径、长度补偿值来控制的。

【知识链接】

内轮廓通常应用键槽铣刀来加工，在加工中心上使用的键槽铣刀为整体结构，刀具材

数控铣床编程与加工

料为高速钢或硬质合金。与普通立铣刀不同的是键槽铣刀端面中心处有切削刃，所以键槽铣刀能作轴向进给，起刀点可以在工件内部。键槽铣刀有 2、3、4 刃等规格，粗加工内轮廓选用 2 刃或 3 刃键槽铣刀，精加工内轮廓选用 4 刃键槽铣刀。与立铣刀相同，通过弹性夹头将键槽铣刀与刀柄固定。

【练习与思考】

1. 岛屿加工和残料去除应注意哪些事项？
2. 内轮廓加工有多层时如何安排加工顺序？
3. 编写如图 5-16 所示零件的加工程序，完成零件的加工，材料为 45 钢。

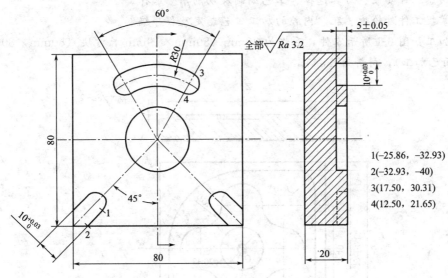

1(−25.86，−32.93)
2(−32.93，−40)
3(17.50，30.31)
4(12.50，21.65)

图 5-16　内轮廓综合零件加工练习

项目六　综合零件加工

课题一　综合零件加工（一）

【学习目标与要求】

1. 会识读综合零件图。

2. 熟悉工件安装、刀具选择、工艺编制及切削用量选择。

3. 掌握工件外轮廓、孔、内腔的加工工艺制定及程序编制。

4. 加工如图 6-1 所示零件，毛坯为 80mm×80mm×19mm 长方块（80mm×80mm 四面及底面已加工），材料为 45 钢。

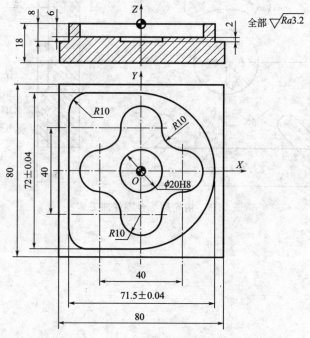

图 6-1　综合零件图一

【知识学习】

一、任务决策和实施

1. 分析零件图样

图 6-1 所示零件包含了平面、外形轮廓、型腔和孔的加工，孔的尺寸精度为 IT8，其他表面尺寸精度要求不高，表面粗糙度全部为 $Ra3.2$，没有形位公差项目的要求。

2. 工艺分析

（1）加工方案的确定

根据零件的要求，上表面采用端铣刀粗铣→精铣完成；其余表面采用立铣刀粗铣→精铣完成。

（2）确定装夹方案

该零件为单件生产，且零件外形为长方体，可选用平口虎钳装夹。工件上表面高出钳口 11mm 左右。

（3）确定加工工艺

加工工艺见表 6-1。

表 6-1　数控加工工序卡片

数控加工工艺卡片			产品名称	零件名称	材　料	零件图号		
					45 钢			
工序号	程序编号	夹具名称	夹具编号	使用设备		车　间		
		虎钳						
工步号	工步内容		刀具号	主轴转速 /(r/min)	进给速度 /(mm/min)	背吃刀量 /mm	侧吃刀量 /mm	备注
1	粗铣上表面		T01	350	150	0.7	50	
2	精铣上表面		T01	500	100	0.3	50	
3	粗铣凸台外轮廓		T02	600	100	9.7		
4	粗铣内孔		T02	600	80			
5	粗铣花形内腔		T02	600	80			
6	精铣凸台外轮廓		T03	1200	80		0.3	
7	精铣内孔		T03	1200	60		0.3	
8	精铣花形内腔		T03	1200	60		0.3	

（4）进给路线的确定

① 外轮廓粗、精加工走刀路线如图 6-2 所示。

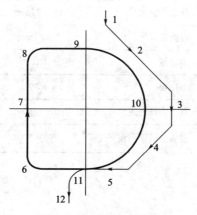

图 6-2　外轮廓走刀路线

② 型腔粗、精加工走刀路线（略）。

③ 孔精加工走刀路线（略）。

（5）刀具及切削参数的确定

刀具及切削参数见表 6-2。

表 6-2　数控加工刀具卡

数控加工刀具卡片		工序号	程序编号	产品名称	零件名称	材　料		零件图号
						45 钢		
序号	刀具号	刀具名称	刀具规格/mm		补偿值/mm		刀补号		备注
			直径	长度	半径	长度	半径	长度	
1	T01	端铣刀（6 齿）	ϕ80	实测					硬质合金
2	T02	立铣刀（3 齿）	ϕ16	实测	8.3		D01		高速钢
3	T03	立铣刀（4 齿）	ϕ16	实测	8.0		D02		硬质合金

注：D02 的实际半径补偿值根据测量结果调整。

（6）工具量具选用

加工所需工具量具见表 6-3。

表 6-3　工具量具清单

种类	序号	名称	规格	单位	数量
工具	1	平口钳	QH150	个	1
	2	扳手		把	1
	3	平行垫铁		副	1
	4	橡皮锤		个	1
	5	寻边器	ϕ10mm	只	1
	6	Z 轴设定器	50mm	只	1
量具	1	游标卡尺	0～150mm	把	1
	2	深度游标卡尺	0～200mm	把	1
	3	外径千分尺	50～75mm	把	1
	4	内测千分尺	5～25mm	把	1
	5	半径规	$R10$	把	1
	6	半径规	$R36$	把	1
	7	百分表及表座	0～10mm	个	1
	8	表面粗糙度样板	N0～N1	个	1

二、参考程序编制

1. 工件坐标系的建立

以图示的上表面中心作为 G54 工件坐标系原点。

2. 基点坐标计算（略）

3. 参考程序

（1）上表面加工程序

上表面采用面铣刀加工，其参考程序见表 6-4。

表 6-4 上表面加工参考程序

程　序	说　明
O1001	程序名
N10 G54 G90 G17 G40 G80 G49 G21	设置初始状态
N20 G00 Z50	安全高度
N30 X−95 Y0 S300 M03	启动主轴,快速进给至下刀位置
N40 G00 Z5 M08	接近工件,同时打开冷却液
N50 G01 Z−0.7 F80	下刀至−0.7mm
N60 X95 F150	粗铣上表面
N70 M03 S500	主轴转速 500r/min
N80 Z−1	下刀至−1mm
N90 G01 X−95 F100	精铣上表面
N100 G00 Z50 M09	Z 向抬刀至安全高度,并关闭冷却液
N110 M05	主轴停
N120 M30	程序结束

（2）外轮廓、孔、型腔粗加工程序

外轮廓、孔、型腔粗加工采用立铣刀加工,其参考程序见表 6-5～表 6-7。

表 6-5　外轮廓、孔、型腔粗加工程序

程　序	说　明
O1002	主程序名
N10 G54 G90 G17 G40 G80 G49 G21	设置初始状态
N20 G00 Z50	安全高度
N30 G00 X12 Y60 S400 M03	启动主轴,快速进给至下刀位置
N40 G00 Z5 M08	接近工件,同时打开冷却液
N50 G01 Z−7.8 F80	下刀
N60 M98 P1011 D01 F120	调子程序 O1011,粗加工外轮廓
N70 G00 X1.7 Y0	快速进给至孔加工下刀位置
N80 G01 Z0 F60	接近工件
N90 G03 X1.7 Y0 Z−1 I−1.7	
N100 G03 X1.7 Y0 Z−2 I−1.7	
N110 G03 X1.7 Y0 Z−3 I−1.7	
N120 G03 X1.7 Y0 Z−4 I−1.7	
N130 G03 X1.7 Y0 Z−5 I−1.7	螺旋下刀
N140 G03 X1.7 Y0 Z−6 I−1.7	
N150 G03 X1.7 Y0 Z−7 I−1.7	
N160 G03 X1.7 Y0 Z−7.8 I−1.7	
N170 G03 X1.7 Y0 I−1.7	修光孔底
N180 G01 Z−5.8 F120	提刀
N190 G01 X10 Y0	进给至起点
N200 M98 P1012 D01	调子程序 O1012,粗加工型腔
N210 G00 Z50 M09	Z 向抬刀至安全高度,并关闭冷却液
N220 M05	主轴停
N230 M30	主程序结束

表 6-6　外轮廓加工子程序

程　序	说　明
O1011	子程序名
N10 G41 G01 X12 Y50	建立刀具半径补偿
N20 X52 Y10	
N30 G01 X52 Y−10	
N40 G01 X26 Y−36	
N50 X−25.5 Y−36	
N60 G02 X−35.5 Y−26 R10	
N70 G01 X−35.5 Y26	
N80 G02 X−25.5 Y36 R10	
N90 G01 X0 Y36	
N100 G02 X0 Y−36 R36	
N110 G03 X−10 Y−46 R10	
N120 G40 G01X−10 Y−56	取消刀具半径补偿
N130 G00 Z5	快速提刀
N140 M99	子程序结束

表 6-7　型腔加工子程序

程　序	说　明
O1012	子程序名
N10 G03 X10 Y0 I−10	走整圆去除余量
N20 G41 G01 X21 Y−9	建立刀具半径补偿
N30 G03 X30 Y0 R9	
N40 G03 X20 Y10 R10	
N50 G02 X10 Y20 R10	
N60 G03 X−10 Y20 R10	
N70 G02 X−20 Y10 R10	
N80 G03 X−20 Y−10 R10	
N90 G02 X−10 Y−20 R10	
N100 G03 X10 Y−20 R10	
N110 G02 X20 Y−10 R10	
N120 G03 X30 Y0 R10	
N130 G03 X21 Y9 R9	
N140 G40 G01 X10 Y0	取消刀具半径补偿
N150 G00 Z5	快速提刀
N160 M99	子程序结束

（3）外轮廓、孔、型腔精加工程序

外轮廓、孔、型腔精加工采用立铣刀加工，其参考程序见表 6-8。

表 6-8 外轮廓、孔、型腔精加工程序

程　序	说　明
O1003	主程序名
N10 G54 G90 G17 G40 G80 G49 G21	设置初始状态
N20 G00 Z50	安全高度
N30 X12 Y60 S2000 M03	启动主轴,快速进给至下刀位置
N40 G00 Z5 M08	接近工件,同时打开冷却液
N50 G01 Z−8 F80	下刀
N60 M98 P1011 D02 F250	调子程序 O1011,精加工外轮廓
N70 G00 X10 Y0	快速进给至型腔加工下刀位置
N80 G01 Z−6 F80	下刀
N90 M98 P1012 D02 F250	调子程序 O1012,精加工型腔
N100 G00 X0 Y0	快速进给至孔加工下刀位置
N110 G01 Z−8 F80	下刀
N120 G41 G01 X1 Y−9 D02 F250	建立刀具半径补偿
N130 G03 X10 Y0 R9	圆弧切入
N140 G03 X10 Y0 I−10	走整圆精加工孔
N150 G03 X1 Y9 R9	圆弧切出
N160 G40 G01 X0 Y0	取消刀具半径补偿
N170 G00 Z50 M09	Z 向抬刀至安全高度,关闭冷却液
N180 M05	主轴停
N190 M30	主程序结束

【操作训练】

一、加工准备

（1）阅读综合零件图，准备工件材料、工量刃具。

（2）开机，复位，机床回机床参考点。

（3）输入并检查程序。

（4）模拟加工程序。

（5）安装夹具，紧固工件。将平口钳安装在工作台上，以工件底面为基准定位，百分表校正工件上表面并夹紧。

（6）安装刀具。该工件使用了 3 把刀具，注意不同类型的刀具安装到相应的刀柄中。

二、对刀，设定工件坐标系及刀具补偿

第 1 把面铣刀铣平面可采用手动加工，因此只要对 2 把刀。第 2 把刀对刀时：X、Y 向对刀通过试切法或寻边器分别对工件 X、Y 向进行对刀操作，得到 X、Y 零偏值输入 G54 中。Z 向对刀利用试切法测得工件上表面的 Z 数值，输入 G54 中。刀具半径补偿应分别在粗、精加工时设置到相应的刀补形状及磨耗中。其余刀具只需进行 Z 向对刀，步骤同上。

三、自动加工

（1）"EDIT"方式下选择调用待加工程序，调至程序首句。

（2）选择"MEM"方式，调好进给倍率、主轴倍率，检查"空运行"、"机床锁定"键应处于关闭状态。

（3）按下"循环启动"按钮进行自动加工。

四、零件检测

零件加工结束后，进行尺寸检测，检测标准参考表 6-9。

表 6-9 综合零件图（一）评分表

时限	150min	开始时间			结束时间		总得分		
考核项目	序号	鉴定内容			配分	评分标准		检测记录	得分
工件 （70分）	1	71.5±0.04			6	每超差 0.01 扣 1 分			
	2	72±0.04			6	每超差 0.01 扣 1 分			
	3	ϕ20H8			8	每超差 0.01 扣 1 分			
	4	R10（10 处）			15	超差不得分			
	5	R36			5	超差不得分			
	6	40（2 处）			6	超差不得分			
	7	6			4	每超差 0.01 扣 1 分			
	8	8（2 处）			6	每超差 0.01 扣 1 分			
	9	18			2	超差不得分			
	10	表面粗糙度（6 处）			12	一处 2 分，扣完为止			
程序 （20分）	11	程序正确（语法、数据）				视严重性，每错一处扣 1~4 分			
	12	程序合理				视严重性，不合理每处扣 1~4 分			
	13	程序中工艺参数正确			20	视严重性，不合理每处扣 1~4 分			
	14	加工工艺正确性				视严重性，不合理每处扣 1~4 分			
	15	程序完整				程序不完整扣 4~20 分			
工艺卡片 （10分）	16	工件定位、夹紧及刀具选择合理，加工顺序及刀具轨迹路线合理			10	酌情扣分			
机床 操作	17	装夹、换刀操作熟练			否定项（倒扣分）	不规范每次扣 2 分			
	18	机床面板操作正确				误操作每次扣 2 分			
	19	进给倍率与主轴转速设定合理				不合理每次扣 2 分			
	20	加工准备与机床清理				不符合要求每次扣 2 分			
缺陷	21	工件缺陷、尺寸误差 0.5mm 以上、外形与图纸不符				倒扣 2~10 分/每次			
文明生产	22	人身、机床、刀具安全				倒扣 5~20 分/每次			

五、注意事项

（1）安装平口钳时要对平口钳固定并校正。

（2）工件安装时要放在钳口的中间部位，以免钳口受力不均。

（3）工件在钳口安装时，下面要垫平行垫铁。

（4）工件完成加工后，必须测量、修调工件尺寸，达到要求后方可卸下工件。

数控铣床编程与加工

【练习与思考】

编写如图 6-3 所示零件的加工程序，完成零件的加工。

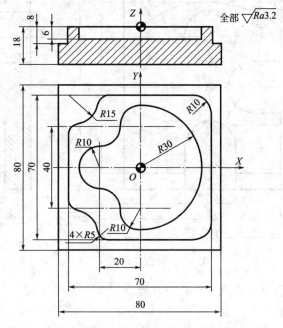

图 6-3　综合零件练习（一）

课题二　综合零件加工（二）

【学习目标与要求】

1. 会识读综合零件图。

2. 熟悉工件安装、刀具选择、工艺编制及切削用量选择。

3. 掌握工件外轮廓、孔、内腔的加工工艺制定及程序编制。

4. 加工如图 6-4 所示零件，毛坯为 100mm×120mm×26mm 长方块（100×120 四方轮廓及底面已加工），材料为 45 钢。

【知识学习】

一、任务决策和实施

1. 分析零件图样

图 6-4 所示零件包含了平面、外形轮廓、孔、螺纹的加工，凸台外轮廓及孔的尺寸精度要求较高，表面粗糙度为 $Ra1.6$。

2. 工艺分析

（1）加工方案的确定

根据零件的要求，上表面采用端铣刀粗铣→精铣完成；凸台轮廓表面及台阶面采用立铣刀粗铣→精铣完成；$\phi30$ 孔的加工方案为钻中心孔→钻孔→扩孔→粗镗孔→精镗孔；

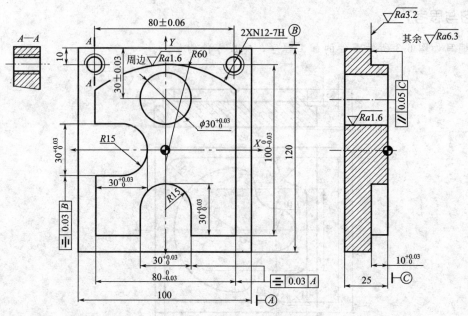

图 6-4　综合零件图（二）

M12 螺纹的加工方案为钻中心孔→钻孔→攻丝。

（2）确定装夹方案

该零件为单件生产，且零件外形为长方体，可选用平口虎钳装夹。工件上表面高出钳口 13mm 左右。

（3）确定加工工艺

加工工艺见表 6-10。

表 6-10　数控加工工序卡片

数控加工工艺卡片			产品名称	零件名称	材　料		零件图号	
					45 钢			
工序号	程序编号	夹具名称	夹具编号	使用设备		车　间		
		虎钳						
工步号		工步内容	刀具号	主轴转速 /(r/min)	进给速度 /(mm/min)	背吃刀量 /mm	侧吃刀量 /mm	备注
1		粗铣上表面	T01	350	150	0.7	50	
2		精铣上表面	T01	500	100	0.3	50	
3		粗铣凸台外轮廓	T02	350	100	9.7		
4		钻中心孔	T03	1200	50	2.5		
5		钻孔	T04	600	60	5.15		
6		扩孔	T05	300	50	9.7		
7		精铣凸台外轮廓	T06	1600	200	10	0.3	
8		攻螺纹	T07	150	262.5			
9		粗镗孔	T08	800	80	0.1		
10		精镗孔	T09	1200	60	0.05		

（4）进给路线的确定

凸台外轮廓及台阶面加工走刀路线如图 6-5 所示，其余表面走刀路线略。凸台外轮廓及台阶面加工时，图 6-5 中各点坐标如表 6-11 所示。

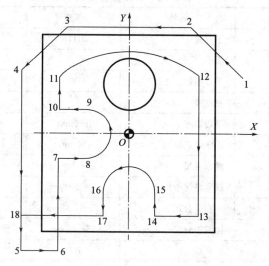

图 6-5　凸台外轮廓及台阶面加工走刀路线

表 6-11　凸台外轮廓及台阶面加工基点坐标

1	(66, 33)	2	(35, 65)	3	(−35, 65)
4	(−62, 38)	5	(−62, −72)	6	(−40, −72)
7	(−40, −15)	8	(−25, −15)	9	(−25, 15)
10	(−40, 15)	11	(−40, 34.721)	12	(40, 34.721)
13	(40, −50)	14	(15, −50)	15	(15, −35)
16	(−15, −35)	17	(−15, −50)	18	(−62, −50)

（5）刀具及切削参数的确定

刀具及切削参数见表 6-12。

表 6-12　数控加工刀具卡

数控加工刀具卡片	工序号	程序编号	产品名称	零件名称		材　料		零件图号
						45 钢		
序号	刀具号	刀具名称	刀具规格/mm		补偿值/mm		刀补号		备注

序号	刀具号	刀具名称	直径	长度	半径	长度	半径	长度	备注
1	T01	端铣刀（6 齿）	φ80	实测					硬质合金
2	T02	立铣刀（3 齿）	φ20	实测	10.3		D01		高速钢
3	T03	中心钻（2 齿）	φ5	实测					高速钢
4	T04	麻花钻（2 齿）	φ10.3	实测					高速钢
5	T05	麻花钻（2 齿）	φ29.7	实测					高速钢
6	T06	立铣刀（4 齿）	φ20	实测	10		D02		硬质合金
7	T07	丝锥	M12	实测					高速钢
8	T08	粗镗刀	φ29.9	实测					硬质合金
9	T09	精镗刀	φ30	实测					硬质合金

注：D02 的实际半径补偿值根据测量结果调整。

（6）工具量具选用

加工所需工具量具见表 6-13。

表 6-13　工具量具清单

种类	序号	名称	规格	单位	数量
工具	1	平口钳	QH150	个	1
	2	扳手		把	1
	3	平行垫铁		副	1
	4	橡皮锤		个	1
	5	寻边器	$\phi10mm$	只	1
	6	Z 轴设定器	50mm	只	1
量具	1	游标卡尺	0～150mm	把	1
	2	深度游标卡尺	0～200mm	把	1
	3	外径千分尺	75～100mm	把	1
	4	内测千分尺	25～50mm	把	1
	5	半径规	$R15$	把	1
	6	半径规	$R60$	把	1
	7	螺纹塞规	M12	个	1
	8	百分表及表座	0～10mm	个	1
	9	表面粗糙度样板	N0～N1	个	1

二、参考程序编制

1. 工件坐标系的建立

以上表面中心作为 G54 工件坐标系原点。

2. 基点坐标计算（略）

3. 参考程序

参考程序见表 6-14、表 6-15。

表 6-14　主程序

程　序	说　明
O1301	主程序名
N10 G54 G90 G17 G40 G80 G49 G21	设置初始状态
N20 G91 G28 Z0	Z 向回参考点
N30 M06 T01	换 1 号刀，端铣刀
N40 G90 G43 G00 Z100 H1	安全高度，建立刀具长度补偿
N50 G00 X40 Y－105 M03 S350	启动主轴，快速进给至下刀位置
N60 G00 Z5 M08	接近工件，同时打开冷却液
N70 G01 Z－0.7 F80	下刀至 $Z-0.7mm$
N80 G01 X40 Y105 F150	
N90 G00 X－25 Y105	粗铣上表面
N100 G01 X－25 Y－105	

程　序	说　明
N110 G00 X40 Y−105	快速进给至下刀位置
N120 G00 Z−1 M03 S500	下刀至 Z−1mm,主轴转速 500r/min
N130 G01 X40 Y105 F100	
N140 G00 X−25 Y105	精铣上表面
N150 G01 X−25 Y−105	
N160 G00 Z100 M09 M05	Z 向抬刀至安全高度,并关闭冷却液,主轴停
N170 G91 G28 Z0	Z 向回参考点
N180 M06 T02	换 2 号刀,立铣刀
N190 G90 G43 G00 Z100 H2	安全高度,建立刀具长度补偿
N200 G00 X66 Y33 M03 S350	启动主轴,快速进给至下刀位置(点 1,见图 6-5)
N210 G00 Z5 M08	接近工件,同时打开冷却液
N220 G01 Z−9.7 F80	下刀
N230 M98 P1311 D01 F100	调子程序 O1311,粗加工凸台外轮廓及台阶面
N240 G00 Z100 M09 M05	Z 向抬刀至安全高度,并关闭冷却液,主轴停
N250 G91 G28 Z0	Z 向回参考点
N260 M06 T03	换 3 号刀,中心钻
N270 G90 G43 G00 Z100 H3	安全高度,建立刀具长度补偿
N280 M03 S1200	启动主轴
N290 G00 Z10	接近工件,同时打开冷却液
N300 G98 G81 X0 Y30 R3 Z−4 F50	
N310 X40 Y50 R−7 Z−14	钻出 3 个孔的中心孔
N320 X−40 Y50 R−7 Z−14	
N330 G00 Z100 M09 M05	Z 向抬刀至安全高度,并关闭冷却液,主轴停
N340 G91 G28 Z0	Z 向回参考点
N350 M06 T04	换 4 号刀,ϕ10.3 麻花钻
N360 G90 G43 G00 Z100 H4	安全高度,建立刀具长度补偿
N370 M03 S600	启动主轴
N380 G00 Z10	接近工件,同时打开冷却液
N390 G98 G73 X0 Y30 R3 Z−30 Q6 F60	
N400 X40 Y50 R−7 Z−30 Q6 F60	钻出 3 个 ϕ10.3 的孔
N410 X−40 Y50 R−7 Z−30 Q6 F60	
N420 G00 Z100 M09 M05	Z 向抬刀至安全高度,并关闭冷却液,主轴停
N430 G91 G28 Z0	Z 向回参考点
N440 M06 T05	换 5 号刀,ϕ29.7 麻花钻
N450 G90 G43 G00 Z100 H5	安全高度,建立刀具长度补偿
N460 M03 S300	启动主轴
N470 G00 Z10	接近工件,同时打开冷却液

项目六　综合零件加工

程 序	说 明
N480 G98 G81 X0 Y30 R3 Z−36 F50	扩φ30孔至φ29.7mm
N490 G00 Z100 M09 M05	Z向抬刀至安全高度,并关闭冷却液,主轴停
N500 G91 G28 Z0	Z向回参考点
N510 M06 T06	换6号刀,立铣刀
N520 G90 G43 G00 Z100 H6	安全高度,建立刀具长度补偿
N530 G00 X66 Y33 M03 S1600	启动主轴,快速进给至下刀位置(点1,见图6-5)
N540 G00 Z5 M08	接近工件,同时打开冷却液
N550 G01 Z−10 F80	下刀
N560 M98 P1311 D02 F200	调子程序O1311,精加工凸台外轮廓及台阶面
N570 G00 Z100 M09 M05	Z向抬刀至安全高度,并关闭冷却液,主轴停
N580 G91 G28 Z0	Z向回参考点
N590 M06 T07	换7号刀,丝锥
N600 G90 G43 G00 Z100 H7	安全高度,建立刀具长度补偿
N570 M03 S150	启动主轴
N580 G00 Z10	接近工件,同时打开冷却液
N590 G98 G84 X40 Y50 R−5 Z−30 F262.5	加工2×M12螺纹
N600 X−40 Y50	
N610 G00 Z100 M09 M05	Z向抬刀至安全高度,并关闭冷却液,主轴停
N620 G91 G28 Z0	Z向回参考点
N630 M06 T08	换8号刀,粗镗刀
N640 G90 G43 G00 Z100 H8	安全高度,建立刀具长度补偿
N650 M03 S800	启动主轴
N660 G00 Z10	接近工件,同时打开冷却液
N670 G98 G85 X0 Y30 R3 Z−32 F80	粗镗φ30孔至φ29.9mm
N680 G00 Z100 M09 M05	Z向抬刀至安全高度,并关闭冷却液,主轴停
N690 G91 G28 Z0	Z向回参考点
N700 M06 T09	换9号刀,精镗刀
N710 G90 G43 G00 Z100 H9	安全高度,建立刀具长度补偿
N720 M03 S1200	启动主轴
N730 G00 Z10	接近工件,同时打开冷却液
N740 G98 G86 X0 Y30 R3 Z−32 F60	精镗φ30孔
N750 G00 Z100 M09	Z向抬刀至安全高度,并关闭冷却液
N760 M05	主轴停
N770 M30	主程序结束

表 6-15　凸台外轮廓及台阶面加工子程序

程　序	说　明
O1112	子程序名
N10 G01 X35 Y65	1→2(见图 6-5)
N20 G01 X−35 Y65	2→3
N30 G01 X−62 Y38	3→4
N40 G00 X−62 Y−72	4→5
N50 G41 G01 X−40 Y−72	5→6,建立刀具半径补偿
N60 G01 X−40 Y−15	6→7
N70 G01 X−25 Y−15	7→8
N80 G03 X−25 Y15 R15	8→9
N90 G01 X−40 Y15	9→10
N100 G01 X−40 Y34.721	10→11
N110 G02 X40 Y34.721 R60	11→12
N120 G01 X40 Y−50	12→13
N130 G01 X15 Y−50	13→14
N140 G01 X15 Y−35	14→15
N150 G03 X−15 Y−35 R15	15→16
N160 G01 X−15 Y−50	16→17
N170 G01 X−62 Y−50	17→18
N180 G40 G00 X−62 Y−72	18→5,取消刀具半径补偿
N190 G00 Z5	快速提刀
N200 M99	子程序结束

【操作训练】

一、加工准备

（1）阅读综合零件图，准备工件材料、工量刃具。

（2）开机，复位，机床回机床参考点。

（3）输入并检查程序。

（4）模拟加工程序。

（5）安装夹具，紧固工件。将平口钳安装在工作台上，以工件底面为基准定位，百分表校正工件上表面并夹紧。

（6）安装刀具。该工件使用了 9 把刀具，注意不同类型的刀具安装到相应的刀柄中。

二、对刀，设定工件坐标系及刀具补偿

第 1 把面铣刀铣平面可采用手动加工，因此只要对 8 把刀。第 2 把刀对刀时：X、Y 向对刀通过试切法或寻边器分别对工件 X、Y 向进行对刀操作，得到 X、Y 零偏值输入 G54 中。Z 向对刀利用试切法测得工件上表面的 Z 数值，输入 G54 中。刀具半径补偿应分别在粗、精加工时设置到相应的刀补形状及磨耗中。其余刀具只需进行 Z 向对刀，步骤同上。

三、自动加工

（1）"EDIT"方式下选择调用待加工程序，调至程序首句。

（2）选择"MEM"方式，调好进给倍率、主轴倍率，检查"空运行"、"机床锁定"键应处于关闭状态。

（3）按下"循环启动"按钮进行自动加工。

四、零件检测

零件加工结束后，进行尺寸检测，检测标准参考表 6-16。

表 6-16　综合零件图（二）评分表

时限	150min		开始时间			结束时间			总得分	
考核项目	序号	鉴定内容			配分	评分标准			检测记录	得分
工件 (70分)	1	$80_{-0.03}^{0}$			6	每超差 0.01 扣 1 分				
	2	$100_{-0.03}^{0}$			6	每超差 0.01 扣 1 分				
	3	$\phi30_{0}^{+0.03}$			8	每超差 0.01 扣 1 分				
	4	$30_{0}^{+0.03}$(4 处)			8	每超差 0.01 扣 1 分				
	5	M12-7H(2 处)			10	超差不得分				
	6	R15(2 处)			6	超差不得分				
	7	R60			3	超差不得分				
	8	25			3	超差不得分				
	9	80 ± 0.06			3	每超差 0.01 扣 1 分				
	10	$10_{0}^{+0.03}$			4	每超差 0.01 扣 1 分				
	11	30 ± 0.03			3	每超差 0.01 扣 1 分				
	12	10			2	超差不得分				
	13	表面粗糙度(8 处)			8	一处 1 分，扣完为止				
程序 (20分)	14	程序正确(语法、数据)			20	视严重性，每错一处扣 1～4 分				
	15	程序合理				视严重性，不合理每处扣 1～4 分				
	16	程序中工艺参数正确				视严重性，不合理每处扣 1～4 分				
	17	加工工艺正确性				视严重性，不合理每处扣 1～4 分				
	18	程序完整				程序不完整扣 4～20 分				
工艺卡片 (10分)	19	工件定位，夹紧及刀具选择合理，加工顺序及刀具轨迹路线合理			10	酌情扣分				
机床 操作	20	装夹、换刀操作熟练			否定项(倒扣分)	不规范每次扣 2 分				
	21	机床面板操作正确				误操作每次扣 2 分				
	22	进给倍率与主轴转速设定合理				不合理每次扣 2 分				
	23	加工准备与机床清理				不符合要求每次扣 2 分				
缺陷	24	工件缺陷、尺寸误差 0.5mm 以上、外形与图纸不符				倒扣 2～10 分/每次				
文明生产	25	人身、机床、刀具安全				倒扣 5～20 分/每次				

五、注意事项

（1）毛坯装夹时，要考虑垫铁与加工部位是否干涉。

数控铣床编程与加工

（2）钻孔加工前，要利用中心钻钻削中心孔，保证中心钻和麻花钻对刀的一致。

（3）课题使用刀具较多，应注意各刀具号设置及机床参数的设置，避免刀具及参数设置错误影响加工。

（4）工件完成加工后，必须测量、修调工件尺寸，达到要求后方可卸下工件。

【练习与思考】

编写如图 6-6 所示零件的加工程序，完成零件的加工。

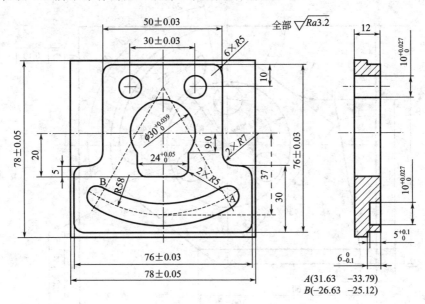

$A(31.63\quad -33.79)$
$B(-26.63\quad -25.12)$

图 6-6 综合零件练习（二）

课题三 综合零件加工（三）

【学习目标与要求】

1. 会识读综合零件图。

2. 熟悉工件安装、刀具选择、工艺编制及切削用量选择。

3. 掌握工件外轮廓、孔、内腔的加工工艺制定及程序编制。

4. 加工如图 6-7 腰形槽底板零件，毛坯尺寸为 (100 ± 0.027)mm×(80 ± 0.023)mm× 20mm；长度方向侧面对宽度侧面及底面的垂直度公差为 0.03；零件材料为 45 钢，表面粗糙度为 $Ra3.2$。

【知识学习】

一、任务决策和实施

1. 分析零件图样

图 6-7 所示零件包含了外形轮廓、圆形槽、腰形槽和孔的加工，有较高的尺寸精度和垂直度、对称度等形位精度要求。编程前必须详细分析图纸中各部分的加工方法及走刀路

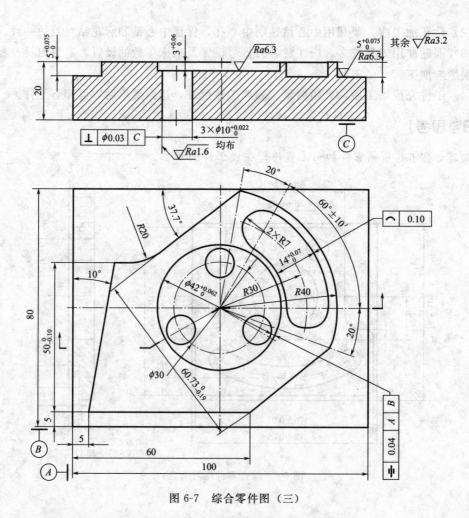

图 6-7　综合零件图（三）

线，选择合理的装夹方案和加工刀具，保证零件的加工精度要求。

2. 工艺分析

（1）加工方案的确定

外形轮廓中的 50 和 60.73 两尺寸的上偏差都为零，可不必将其转变为对称公差，直接通过调整刀补来达到公差要求；$3 \times \phi 10$ 孔尺寸精度和表面质量要求较高，并对 C 面有较高的垂直度要求，需要铰削加工，并注意以 C 面为定位基准；$\phi 42$ 圆形槽有较高的对称度要求，对刀时 X、Y 方向应采用寻边器碰双边，准确找到工件中心。加工过程如下：

① 外轮廓的粗、精铣削，批量生产时，粗精加工刀具要分开，本例采用同一把刀具进行。粗加工单边留 0.2mm 余量。

② 加工 $3 \times \phi 10$ 孔和垂直进刀工艺孔。

③ 圆形槽粗、精铣削，采用同一把刀具进行。

④ 腰形槽粗、精铣削，采用同一把刀具进行。

（2）装夹方案

用平口虎钳装夹工件，工件上表面高出钳口 8mm 左右。校正固定钳口的平行度以及工件上表面的平行度，确保精度要求。

（3）刀具与工艺参数选择

见表 6-17、表 6-18。

表 6-17　数控加工刀具卡

数控加工刀具卡片		工序号	程序编号	产品名称	零件名称	材　料		零件图号	
						45 钢			
序号	刀具号	刀具名称		刀具规格/mm		补偿值/mm		刀补号	备注
				直径	长度	半径	长度	半径	长度
1	T01	立铣刀		ϕ20	实测	10.3		D01		硬质合金
2	T01	立铣刀		ϕ20	实测	9.99		D01		硬质合金
3	T02	中心钻		ϕ3	实测					高速钢
4	T03	麻花钻		ϕ9.7	实测					高速钢
5	T04	铰刀		ϕ10	实测					高速钢
6	T05	立铣刀		ϕ16	实测	8.3		D02		高速钢
7	T05	立铣刀		ϕ16	实测	7.99		D02		高速钢
8	T06	立铣刀		ϕ12	实测	6.3		D03		硬质合金
9	T06	立铣刀		ϕ12	实测	5.99		D03		硬质合金

注：D02 的实际半径补偿值根据测量结果调整。

表 6-18　数控加工工序卡

数控加工工艺卡片			产品名称	零件名称	材　料	零件图号		
					45 钢			
工序号	程序编号	夹具名称	夹具编号	使用设备		车　间		
		虎钳						
工步号	工步内容		刀具号	主轴转速 /(r/min)	进给速度 /(mm/min)	背吃刀量 /mm	侧吃刀量 /mm	备注
1	去除轮廓边角料		T01	400	80			
2	粗铣外轮廓		T01	500	100			
3	精铣外轮廓		T01	700	80			
4	钻中心孔		T02	2000	80			
5	钻 3×ϕ10 底孔和垂直进刀工艺孔		T03	600	80			
6	铰 2×ϕ10H7 孔		T04	200	50			
7	粗铣圆形槽		T05	500	80			
8	半精铣圆形槽		T05	500	80			
9	精铣圆形槽		T05	750	60			
10	粗铣腰形槽		T06	600	80			
11	半精铣腰形槽		T06	600	80			
12	精铣腰形槽		T06	800	60			

（4）工具量具选用

加工所需工具量具见表 6-19。

表 6-19　工具量具清单

种类	序号	名称	规格	单位	数量
工具	1	平口钳	QH150	个	1
	2	扳手		把	1
	3	平行垫铁		副	1
	4	橡皮锤		个	1
	5	寻边器	ϕ10mm	只	1
	6	Z 轴设定器	50mm	只	1
量具	1	游标卡尺	0～150mm	把	1
	2	深度游标卡尺	0～200mm	把	1
	3	外径千分尺	50～75mm	把	1
	4	外径千分尺	75～100mm	把	1
	5	内测千分尺	25～50mm	把	1
	5	半径规	R5	把	1
	6	半径规	R7	把	1
	7	塞规	ϕ10	个	1
	8	百分表及表座	0～10mm	个	1
	9	表面粗糙度样板	N0～N1	个	1

（5）进给路线及基点的确定

① 外轮廓进给路线及基点坐标　如图 6-8 所示刀具由 P_0 点下刀，通过 P_0P_1 直线建立左刀补，沿圆弧 P_1P_2 切向切入，走完轮廓后由圆弧 P_2P_{10} 切向切出，通过直线 $P_{10}P_{11}$ 取消刀补。

P_0(15，-65)

P_1(15，-50)

P_2(0，-35)

P_3(-45，-35)

P_4(-36.184，15)

P_5(-31.444，15)

P_6(-19.214，19.176)

P_7(6.944，39.393)

P_8(37.589，-13.677)

P_9(10，-35)

P_{10}(-15，-50)

P_{11}(-15，-65)

② 半精、精铣腰形槽进给路线及基点坐标　如图 6-9 所示刀具由 A_0 点下刀，通过 A_1 直线建立左刀补，沿圆弧 A_1A_2 切向切入，走完轮廓后由圆弧 A_2A_6 切向切出，通过直线 A_6A_0 取消刀补。

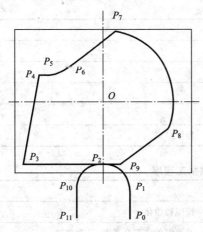

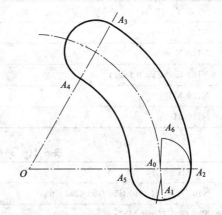

图 6-8　外轮廓各点坐标及切入切出路线　　　图 6-9　腰形槽各点坐标及切入切出路线

A_0(30，0)

A_1(30.5，-6.5)

A_2(37，0)

A_3(18.5，32.043)

A_4(11.5，19.919)

A_5(23，0)

A_6(30.5，6.5)

二、参考程序编制

1. 工件坐标系的建立

在工件中心建立工件坐标系，Z 轴原点设在工件上表面。

2. 基点坐标计算（同上）

3. 参考程序

参考程序见表 6-20～表 6-26。

表 6-20　去除轮廓边角料程序

O0001；	
N10 G17 G21 G40 G54 G80 G90 G94；	程序初始化
N20 G00 Z50.0 M07；	刀具定位到安全平面,启动主轴
N30 M03 S400；	
N40 X-65.0 Y32.0；	去除轮廓边角料
N50 Z-5.0；	
N60 G01 X-24.0 F80；	
N70 Y55.0；	
N80 G00 Z50.0；	
N90 X40.0 Y55.0；	
N100 Z-5.0；	
N110 G01 Y35.0；	
N120 X52.0；	

N130 Y－32.0;	
N140 X40.0;	
N150 Y－55.0	
N160 G00 Z50.0 M09;	
N170 M05;	
N180 M30;	程序结束

表 6-21　外形轮廓粗、精加工程序

O0002;	
N10 G17 G21 G40 G54 G80 G90 G94;	程序初始化
N20 G00 Z50.0 M07;	刀具定位到安全平面,启动主轴
N30 M03 S500;	精加工时设为 700r/min
N40 G00 X15.0 Y－65.0;	达到 P_0 点
N50 Z－5.0;	下刀
N60 G01 G41 Y－50.0 D01 F100;	建立刀补
N70 G03 X0.0 Y－35.0 R15.0;	切向切入
N80 G01 X－45.0 Y－35.0;	铣削外形轮廓
N90 X36.184 Y15.0;	
N100 X－31.444;	
N110 G03 X－19.214 Y19.176 R20.0;	
N120 G01 X6.944 Y39.393;	
N130 G02 X37.589 Y－13.677 R40.0;	
N140 G01 X10.0 Y－35;	
N150 X0;	
N160 G03 X－15.0 Y－50.0 R15;	切向切出
N170 G01 G40 Y－65.0;	取消刀补
N180 G00 Z50.0 M09	
N190 M05;	
N230 M30;	程序结束

表 6-22　加工 3×φ10 孔和垂直进刀工艺孔

O0003;	
N10 G17 G21 G40 G54 G80 G90 G94;	程序初始化
N20 G00 Z50.0 M07;	刀具定位到安全平面,启动主轴
N30 M03 S2000;	
N40 G99 G81 X12.99 Y－7.5 R5.0 Z－5.0 F80;	钻中心孔
N50 X－12.99;	
N60 X0.0 Y15.0;	
N70 Y0.0;	

数控铣床编程与加工

N80 X30.0;	
N100 G00 Z180.0 M09;	刀具抬到手工换刀高度
N105 X150 Y150;	移到手工换刀位置
N110 M05;	
N120 M00;	程序暂停,换 T03 刀,换转速
N130 M03 S600;	
N140 G00 Z50.0 M07;	刀具定位到安全平面
N150 G99 G83 X12.99 Y−7.5 R5.0 Z−24.0 Q−4.0 F80;	钻 3×ϕ10 底孔和工艺孔
N160 X−12.99;	
N170 X0.0 Y15.0;	
N180 G81 Y0.0 R5.0 Z−2.9;	
N190 X30.0 Z−4.9;	
N200 G00 Z180.0 M09;	刀具抬到手工换刀高度
N210 X150 Y150;	移到手工换刀位置
N220 M05;	
N230 M00;	程序暂停,换 T04 刀
N240 M03 S200;	换转速
N250 G00 Z50.0 M07;	刀具定位到安全平面
N260 G99 G85 X12.99 Y−7.5 R5.0 Z−24.0 Q−4.0 F80;	铰 3×ϕ10 孔
N270 X−12.99;	
N280 G98 X0.0 Y15.0;	
N290 M05;	
N300 M30;	程序结束

表 6-23　粗铣圆形槽

O0004;	
N10 G17 G21 G40 G54 G80 G90 G94;	程序初始化
N20 G00 Z50.0 M07;	刀具定位到安全平面,启动主轴
N30 M03 S500;	
N40 X0.0 Y0.0;	
N50 Z10.0;	
N60 G01 Z−3.0 F40;	下刀
N70 X5.0 F80;	去除圆形槽中材料
N80 G03 I−5.0;	
N90 G01 X12.0;	
N100 G03 I−12.0;	
N110 G00 Z50 M09;	
N120 M05;	
N130 M30;	程序结束

表 6-24　半精、精铣圆形槽边界

O0005；	
N10 G17 G21 G40 G54 G80 G90 G94；	程序初始化
N20 G00 Z50.0 M07；	刀具定位到安全平面,启动主轴
N30 M03 S600；	精加工时设为 750r/min
N40 X0.0 Y0.0；	
N50 Z10.0；	
N60 G01 Z－3.0 F40；	下刀
N70 G41 X－15.0 Y－6.0 D05 F80；	建立刀补
N80 G03 X0.0 Y－21.0 R15.0；	切向切入
N90 G03 J21.0；	铣削圆形槽边界
N100 G03 X15.0 Y－6.0 R15.0；	切向切出
N110 G01 G40 X0.0 Y0.0；	取消刀补
N120 G00 Z50 M09；	
N130 M05；	
N140 M30；	程序结束

表 6-25　粗铣削腰形槽

O0006；	
N10 G17 G21 G40 G54 G80 G90 G94；	程序初始化
N20 G00 Z50.0 M07；	刀具定位到安全平面,启动主轴
N30 M03 S600；	
N40 X30.0 Y0.0；	到达预钻孔上方
N50 Z10.0；	
N60 G01 Z－5.0 F40；	下刀
N70 G03 X15.0 Y25.981 R30.0 F80；	粗铣腰形槽
N80 G00 Z50 M09；	
N90 M05；	
N100 M30；	程序结束

表 6-26　半精、精铣腰形槽

O0007；	
N10 G17 G21 G40 G54 G80 G90 G94；	程序初始化
N20 G00 Z50.0 M07；	刀具定位到安全平面,启动主轴
N30 M03 S600；	精加工时设为 800r/min
N40 X30.0 Y0.0；	
N50 Z10.0；	
N60 G01 Z－3.0 F40；	下刀
N70 G41 X30.5 Y－6.5 D06 F80；	建立刀补
N80 G03 X37.0 Y0.0 R6.5；	切向切入
N90 G03 X18.5 Y32.043 R37.0；	铣削腰形槽边界
N100 X11.5 Y19.919 R7.0；	
N110 G02 X23.0 Y0 R23.0；	
N120 G03 X37.0 R7.0；	
N130 X30.5 Y6.5 R6.5；	
N140 G01 G40 X30.0 Y0.0；	取消刀补
N150 G00 Z50 M09；	
N160 M05；	
N170 M30；	程序结束

【操作训练】

一、加工准备

（1）阅读综合零件图，准备工件材料、工量刃具。

（2）开机，复位，机床回机床参考点。

（3）输入并检查程序。

（4）模拟加工程序。

（5）安装夹具，紧固工件。将平口钳安装在工作台上，以工件底面为基准定位，百分表校正工件上表面并夹紧。

（6）安装刀具。该工件使用了 6 把刀具，注意不同类型的刀具安装到相应的刀柄中。

二、对刀，设定工件坐标系及刀具补偿

第 1 把刀对刀时：X、Y 向对刀通过试切法或寻边器分别对工件 X、Y 向进行对刀操作，得到 X、Y 零偏值输入 G54 中。Z 向对刀利用试切法测得工件上表面的 Z 数值，输入 G54 中。刀具半径补偿应分别在粗、精加工时设置到相应的刀补形状及磨耗中。其余刀具只需进行 Z 向对刀，步骤同上。

三、自动加工

（1）"EDIT" 方式下选择调用待加工程序，调至程序首句。

（2）选择 "MEM" 方式，调好进给倍率、主轴倍率，检查 "空运行"、"机床锁定" 键应处于关闭状态。

（3）按下 "循环启动" 按钮进行自动加工。

四、零件检测

零件加工结束后，进行尺寸检测，检测标准参考表 6-27。

表 6-27　综合零件图（三）评分表

时限	150min		开始时间			结束时间		总得分		
考核项目	序号		鉴定内容		配分		评分标准		检测记录	得分
工件 （70分）	1	$50_{-0.10}^{0}$			5		每超差 0.01 扣 1 分			
	2	60			4		每超差 0.01 扣 1 分			
	3	$60.73_{-0.10}^{0}$			5		每超差 0.01 扣 1 分			
	4	$\phi 10_{0}^{+0.022}$（3 处）			9		每超差 0.01 扣 1 分			
	5	$\phi 42_{0}^{+0.062}$			6		每超差 0.01 扣 1 分			
	6	R7（2 处）			6		超差不得分			
	7	R20			3		超差不得分			
	8	R40			3		超差不得分			
	9	$14_{0}^{+0.07}$			4		每超差 0.01 扣 1 分			
	10	$5_{0}^{+0.075}$（2 处）			6		每超差 0.01 扣 1 分			
	11	$3_{0}^{+0.06}$			3		每超差 0.01 扣 1 分			
	12	其他尺寸			8		超差不得分			
	13	表面粗糙度（8 处）			8		一处 1 分，扣完为止			

时限	150min	开始时间		结束时间		总得分		
考核项目	序号	鉴定内容		配分	评分标准		检测记录	得分
程序 (20分)	14	程序正确（语法、数据）		20	视严重性,每错一处扣1～4分			
	15	程序合理			视严重性,不合理每处扣1～4分			
	16	程序中工艺参数正确			视严重性,不合理每处扣1～4分			
	17	加工工艺正确性			视严重性,不合理每处扣1～4分			
	18	程序完整			程序不完整扣4～20分			
工艺卡片 (10分)	19	工件定位、夹紧及刀具选择合理,加工顺序及刀具轨迹路线合理		10	酌情扣分			
机床 操作	20	装夹、换刀操作熟练		否定项(倒扣分)	不规范每次扣2分			
	21	机床面板操作正确			误操作每次扣2分			
	22	进给倍率与主轴转速设定合理			不合理每次扣2分			
	23	加工准备与机床清理			不符合要求每次扣2分			
缺陷	24	工件缺陷、尺寸误差0.5mm以上、外形与图纸不符			倒扣2～10分/每次			
文明生产	25	人身、机床、刀具安全			倒扣5～20分/每次			

五、注意事项

（1）铣削外形轮廓时，刀具应在工件外面下刀，注意避免刀具快速下刀时与工件发生碰撞。

（2）使用立铣刀粗铣圆形槽和腰形槽时，应先在工件上钻工艺孔，避免立铣刀中心垂直切削工件。

（3）精铣时刀具应切向切入和切出工件。在进行刀具半径补偿时，切入和切出圆弧半径应大于刀具半径补偿设定值。

（4）精铣时应采用顺铣方式，以提高尺寸精度和表面质量。

【练习与思考】

编写如图6-10所示零件的加工程序，完成零件的加工。

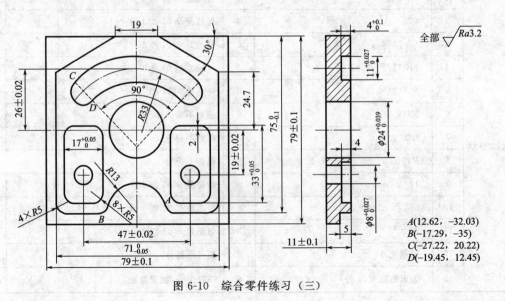

$A(12.62, -32.03)$
$B(-17.29, -35)$
$C(-27.22, 20.22)$
$D(-19.45, 12.45)$

图6-10　综合零件练习（三）

数控铣床编程与加工

课题四 综合零件加工（四）

加工如图 6-11 所示零件，毛坯为 100mm×100mm×12mm 方块（100×100 四方轮廓及底面已加工），材料为 45 钢。评分表见表 6-28。

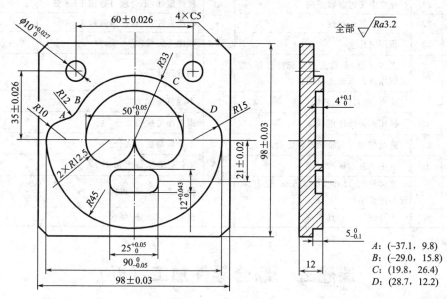

A: (-37.1, 9.8)
B: (-29.0, 15.8)
C: (19.8, 26.4)
D: (28.7, 12.2)

图 6-11 综合零件图（四）

表 6-28 综合零件图（四）评分表

时限	150min	开始时间		结束时间			总得分		
考核项目	序号	鉴定内容		配分		评分标准		检测记录	得分
工件 (70分)	1	98±0.03(2 处)		6		每超差 0.01 扣 1 分			
	2	90_{-0.05}^{0}		4		每超差 0.01 扣 1 分			
	3	50_{0}^{+0.05}		4		每超差 0.01 扣 1 分			
	4	φ10_{0}^{+0.027}(2 处)		8		每超差 0.01 扣 1 分			
	5	R10		2		超差不得分			
	6	R12.5(2 处)		4		超差不得分			
	7	R12		2		超差不得分			
	8	R15		2		超差不得分			
	9	R45		2		超差不得分			
	10	35±0.026		3		每超差 0.01 扣 1 分			
	11	21±0.02		3		每超差 0.01 扣 1 分			
	12	60±0.026		3		每超差 0.01 扣 1 分			
	13	25_{0}^{+0.05}		4		每超差 0.01 扣 1 分			
	14	12_{0}^{+0.043}		4		每超差 0.01 扣 1 分			
	15	C5(4 处)		4		超差不得分			
	16	4_{0}^{+0.1}(2 处)		6		每超差 0.01 扣 1 分			
	17	5_{-0.1}^{0}		3		每超差 0.01 扣 1 分			
	18	表面粗糙度(6 处)		6		一处 1 分，扣完为止			

时限	150min	开始时间		结束时间			总得分		
考核项目	序号	鉴定内容		配分	评分标准			检测记录	得分
程序 (20分)	19	程序正确（语法、数据）		20	视严重性，每错一处扣1~4分				
	20	程序合理			视严重性，不合理每处扣1~4分				
	21	程序中工艺参数正确			视严重性，不合理每处扣1~4分				
	22	加工工艺正确性			视严重性，不合理每处扣1~4分				
	23	程序完整			程序不完整扣4~20分				
工艺卡片 (10分)	24	工件定位,夹紧及刀具选择合理,加工顺序及刀具轨迹路线合理		10	酌情扣分				
机床 操作	25	装夹、换刀操作熟练		否定项(倒扣分)	不规范每次扣2分				
	26	机床面板操作正确			误操作每次扣2分				
	27	进给倍率与主轴转速设定合理			不合理每次扣2分				
	28	加工准备与机床清理			不符合要求每次扣2分				
缺陷	29	工件缺陷、尺寸误差0.5mm以上、外形与图纸不符			倒扣2~10分/每次				
文明生产	30	人身、机床、刀具安全			倒扣5~20分/每次				

课题五 综合零件加工（五）

加工如图6-12所示零件，毛坯为80mm×80mm×12mm方块（80×80四方轮廓及底

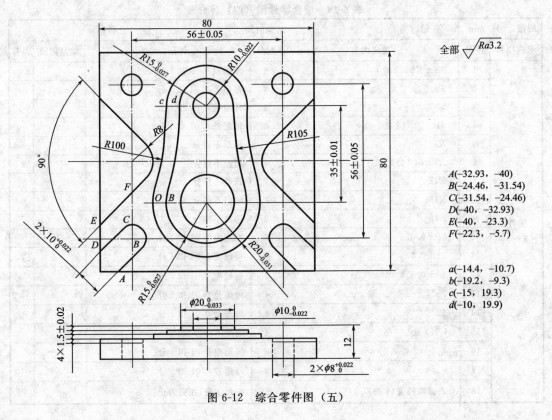

图6-12 综合零件图（五）

A(-32.93, -40)
B(-24.46, -31.54)
C(-31.54, -24.46)
D(-40, -32.93)
E(-40, -23.3)
F(-22.3, -5.7)

a(-14.4, -10.7)
b(-19.2, -9.3)
c(-15, 19.3)
d(-10, 19.9)

面已加工），材料为 45 钢。评分表见表 6-29。

表 6-29 综合零件图（五）评分表

时限	150min	开始时间		结束时间		总得分		
考核项目	序号	鉴定内容	配分		评分标准		检测记录	得分
工件 (70分)	1	$\phi20_{-0.033}^{0}$	5		每超差 0.01 扣 1 分			
	2	$\phi10_{-0.033}^{0}$	5		每超差 0.01 扣 1 分			
	3	$\phi8_{0}^{+0.022}(2$ 处$)$	8		每超差 0.01 扣 1 分			
	4	$R8(2$ 处$)$	4		超差不得分			
	5	$R10_{-0.022}^{0}$	3		每超差 0.01 扣 1 分			
	6	$R15_{-0.022}^{0}(2$ 处$)$	4		每超差 0.01 扣 1 分			
	7	$R20_{-0.022}^{0}$	3		每超差 0.01 扣 1 分			
	8	$R100$	3		超差不得分			
	9	$R105$	3		超差不得分			
	10	35 ± 0.01	3		每超差 0.01 扣 1 分			
	11	$56\pm0.05(2$ 处$)$	4		每超差 0.01 扣 1 分			
	12	$10_{0}^{+0.022}(2$ 处$)$	6		每超差 0.01 扣 1 分			
	13	$1.5\pm0.02(4$ 处$)$	8		每超差 0.01 扣 1 分			
	14	其他尺寸	5		超差不得分			
	15	表面粗糙度(6处)	6		一处 1 分，扣完为止			
程序 (20分)	16	程序正确(语法、数据)	20		视严重性，每错一处扣 1~4 分			
	17	程序合理			视严重性，不合理每处扣 1~4 分			
	18	程序中工艺参数正确			视严重性，不合理每处扣 1~4 分			
	19	加工工艺正确性			视严重性，不合理每处扣 1~4 分			
	20	程序完整			程序不完整扣 4~20 分			
工艺卡片 (10分)	21	工件定位，夹紧及刀具选择合理，加工顺序及刀具轨迹路线合理	10		酌情扣分			
机床 操作	22	装夹、换刀操作熟练	否定项(倒扣分)		不规范每次扣 2 分			
	23	机床面板操作正确			误操作每次扣 2 分			
	24	进给倍率与主轴转速设定合理			不合理每次扣 2 分			
	25	加工准备与机床清理			不符合要求每次扣 2 分			
缺陷	26	工件缺陷、尺寸误差 0.5mm 以上、外形与图纸不符			倒扣 2~10 分/次			
文明生产	27	人身、机床、刀具安全			倒扣 5~20 分/次			

课题六 综合零件加工（六）

加工如图 6-13 所示零件，毛坯为 80mm×80mm×12mm 方块（80×80 四方轮廓及底面已加工），材料为 45 钢。评分表见表 6-30。

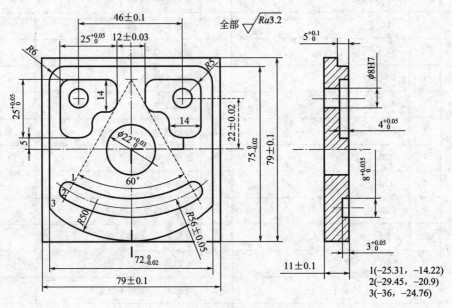

图 6-13 综合零件图（六）

表 6-30 综合零件图（六）评分表

时限	150min	开始时间		结束时间		总得分	
考核项目	序号	鉴定内容	配分	评分标准		检测记录	得分
工件（70分）	1	79 ± 0.1(2处)	4×2	每超差 0.01 扣 1 分			
	2	$75_{-0.02}^{0}$	4	每超差 0.01 扣 1 分			
	3	$72_{-0.02}^{0}$	4	每超差 0.01 扣 1 分			
	4	$\phi22_{0}^{+0.03}$	4	超差不得分			
	5	$25_{0}^{+0.05}$(4处)	3×4	每超差 0.01 扣 1 分			
	6	$\phi8_{0}^{+0.022}$(2处)	3×2	每超差 0.01 扣 1 分			
	7	11 ± 0.1	4	每超差 0.01 扣 1 分			
	8	$R50\backslash R6$	3	超差不得分			
	9	$R5$	3	超差不得分			
	10	槽宽 $8_{0}^{+0.036}$	4	每超差 0.01 扣 1 分			
	11	槽深 $4_{0}^{+0.05}$	4	每超差 0.01 扣 1 分			
	12	槽深 $3_{0}^{+0.05}$	4	每超差 0.01 扣 1 分			
	13	表面粗糙度	10	一处 1 分，扣完为止			

时限	150min	开始时间		结束时间		总得分			
考核项目	序号	鉴定内容		配分	评分标准			检测记录	得分
程序 （20分）	14	程序正确（语法、数据）		20	视严重性，每错一处扣 1～4 分				
	15	程序合理			视严重性，不合理每处扣 1～4 分				
	16	程序中工艺参数正确			视严重性，不合理每处扣 1～4 分				
	17	加工工艺正确性			视严重性，不合理每处扣 1～4 分				
	18	程序完整			程序不完整扣 4～20 分				
工艺卡片 （10分）	19	工件定位、夹紧及刀具选择合理，加工顺序及刀具轨迹路线合理		10	酌情扣分				
机床 操作	20	装夹、换刀操作熟练		否定项（倒扣分）	不规范每次扣 2 分				
	21	机床面板操作正确			误操作每次扣 2 分				
	22	进给倍率与主轴转速设定合理			不合理每次扣 2 分				
	23	加工准备与机床清理			不符合要求每次扣 2 分				
缺陷	24	工件缺陷、尺寸误差 0.5mm 以上、外形与图纸不符			倒扣 2～10 分/次				
文明生产	25	人身、机床、刀具安全			倒扣 5～20 分/次				

课题七　综合零件加工（七）

　　加工如图 6-14 所示零件，毛坯为 80mm×80mm×12mm 方块（80×80 四方轮廓及底面已加工），材料为 45 钢。评分表见表 6-31。

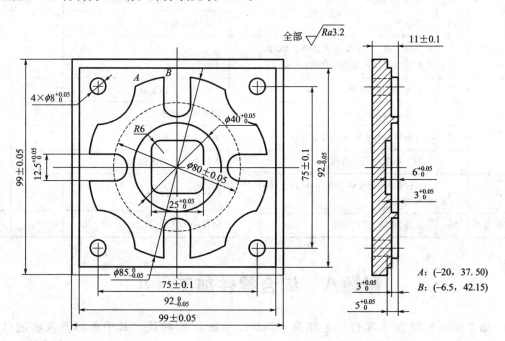

图 6-14　综合零件图（七）

全部 $\sqrt{Ra3.2}$

$4×\phi8^{+0.05}_{0}$

$R6$

$\phi40^{+0.05}_{0}$

$12.5^{+0.05}_{0}$

$\phi80\pm0.05$

$25^{+0.03}_{0}$

$\phi85^{0}_{-0.05}$

99 ± 0.05

75 ± 0.1

$92^{0}_{-0.05}$

11 ± 0.1

75 ± 0.1

$92^{0}_{-0.05}$

99 ± 0.05

$6^{+0.05}_{0}$

$3^{+0.05}_{0}$

$3^{+0.05}_{0}$

$5^{+0.05}_{0}$

$A:(-20, 37.50)$

$B:(-6.5, 42.15)$

表 6-31　综合零件图（七）评分表

时限	150min	开始时间		结束时间		总得分		
考核项目	序号	鉴定内容	配分		评分标准		检测记录	得分
工件 （70分）	1	79 ± 0.1（2 处）	4×2		每超差 0.01 扣 1 分			
	2	$75_{-0.02}^{0}$	4		每超差 0.01 扣 1 分			
	3	$72_{-0.02}^{0}$	4		每超差 0.01 扣 1 分			
	4	$\phi22_{0}^{+0.03}$	4		超差不得分			
	5	$25_{0}^{+0.05}$（4 处）	3×4		每超差 0.01 扣 1 分			
	6	$\phi8_{0}^{+0.022}$（2 处）	3×2		每超差 0.01 扣 1 分			
	7	11 ± 0.1	4		每超差 0.01 扣 1 分			
	8	$R50\backslash R6$	3		超差不得分			
	9	$R5$	3		超差不得分			
	10	槽宽 $8_{0}^{+0.036}$	4		每超差 0.01 扣 1 分			
	11	槽深 $4_{0}^{+0.05}$	4		每超差 0.01 扣 1 分			
	12	槽深 $3_{0}^{+0.05}$	4		每超差 0.01 扣 1 分			
	13	表面粗糙度	10		一处 1 分，扣完为止			
程序 （20分）	14	程序正确（语法、数据）		20	视严重性，每错一处扣 1～4 分			
	15	程序合理			视严重性，不合理每处扣 1～4 分			
	16	程序中工艺参数正确			视严重性，不合理每处扣 1～4 分			
	17	加工工艺正确性			视严重性，不合理每处扣 1～4 分			
	18	程序完整			程序不完整扣 4～20 分			
工艺卡片 （10分）	19	工件定位，夹紧及刀具选择合理，加工顺序及刀具轨迹路线合理		10	酌情扣分			
机床 操作	20	装夹、换刀操作熟练		否定项（倒扣分）	不规范每次扣 2 分			
	21	机床面板操作正确			误操作每次扣 2 分			
	22	进给倍率与主轴转速设定合理			不合理每次扣 2 分			
	23	加工准备与机床清理			不符合要求每次扣 2 分			
缺陷	24	工件缺陷、尺寸误差 0.5mm 以上、外形与图纸不符			倒扣 2～10 分/次			
文明生产	25	人身、机床、刀具安全			倒扣 5～20 分/次			

课题八　综合零件加工（八）

加工如图 6-15 所示零件，毛坯为 $\phi80mm\times20mm$ 圆柱块（其中外圆及两底面已加工），表面粗糙度全部 $Ra3.2$，材料为 45 钢。评分表见表 6-32。

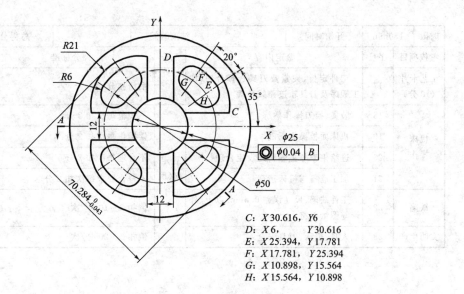

C: $X30.616$, $Y6$
D: $X6$, $Y30.616$
E: $X25.394$, $Y17.781$
F: $X17.781$, $Y25.394$
G: $X10.898$, $Y15.564$
H: $X15.564$, $Y10.898$

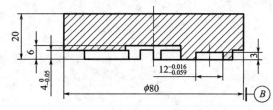

图 6-15　综合零件图（八）

表 6-32　综合零件图（八）评分表

时限	150min		开始时间		结束时间		总得分	
考核项目	序号	鉴定内容		配分	评分标准		检测记录	得分
工件 （70 分）	1	$70.284_{-0.043}^{0}$		8	每超差 0.01 扣 1 分			
	2	$12_{-0.059}^{-0.016}$（4 处）		3×4	每超差 0.01 扣 1 分			
	3	$\phi25$		6	每超差 0.01 扣 1 分			
	4	$R21$		4	超差不得分			
	5	$R6$		4	超差不得分			
	6	槽深 $4_{-0.05}^{0}$		4	每超差 0.01 扣 1 分			
	7	槽宽 12（4 处）		2×4	每超差 0.01 扣 1 分			
	8	槽深 6		4	每超差 0.01 扣 1 分			
	9	槽深 3		4	每超差 0.01 扣 1 分			
	10	表面粗糙度		10	一处 1 分，扣完为止			
	11	其他尺寸		6	超差不得分			
程序 （20 分）	12	程序正确（语法、数据）		20	视严重性，每错一处扣 1～4 分			
	13	程序合理			视严重性，不合理每处扣 1～4 分			
	14	程序中工艺参数正确			视严重性，不合理每处扣 1～4 分			
	15	加工工艺正确性			视严重性，不合理每处扣 1～4 分			
	16	程序完整			程序不完整扣 4～20 分			

时限	150min	开始时间		结束时间			总得分		
考核项目	序号	鉴定内容		配分	评分标准			检测记录	得分
工艺卡片 （10分）	17	工件定位，夹紧及刀具选择合理，加工顺序及刀具轨迹路线合理		10	酌情扣分				
机床 操作	18	装夹、换刀操作熟练		否定项（倒扣分）	不规范每次扣2分				
	19	机床面板操作正确			误操作每次扣2分				
	20	进给倍率与主轴转速设定合理			不合理每次扣2分				
	21	加工准备与机床清理			不符合要求每次扣2分				
缺陷	22	工件缺陷、尺寸误差0.5mm以上、外形与图纸不符			倒扣2～10分/次				
文明生产	23	人身、机床、刀具安全			倒扣5～20分/次				

参 考 文 献

[1] 朱明松等．数控铣床编程与操作项目教程．北京：机械工业出版社，2007.

[2] 孙连栋．加工中心（数控铣工）实训．北京：高等教育出版社，2011.

[3] 睦润舟．数控编程与加工技术．北京：机械工业出版社，2001.

[4] 李志华．数控加工工艺与装备．北京：清华大学出版社，2005.

[5] 蒋建强．数控加工技术与实训．北京：电子工业出版社，2003.

[6] 刘雄伟．数控机床操作与编程培训教程．北京：机械工业出版社，2001.

[7] 王志平．使用加工中心的零件加工．北京：高等教育出版社，2010.

[8] 华茂发．数控机床加工工艺．北京：机械工业出版社，2000.

参考文献